国家级精品课程配套教材

全国高职高专机械设计制造类工学结合"十二五"规划系列教材

丛书顾问　　陈吉红

数控机床装调

主　编　　陈泽宇

副主编　　陈子珍　　于向和　　张秀玲　　闫瑞涛
　　　　　廖强华　　徐安林　　孙志平

参　编　　（排名不分先后）
　　　　　成图雅　　张　鑫　　文丽丽　　王达斌
　　　　　周　敏　　黄文汉　　石金艳　　王守志
　　　　　王伟军　　王　磊　　李日森　　杨云兰
　　　　　张泽华　　朱洪雷　　程豪华

华中科技大学出版社

中国·武汉

内 容 简 介

本书按数控机床装调的全过程提炼出数控机床机械装调、电气装调的典型工作任务,内容涵盖数控机床机械装调、数控机床电气装调、数控机床机电联调及数控机床精度重整四部分。其中:机械部分的装调按生产过程分为进给传动链装调、主传动链装调、刀辅传动链装调、整机机械装调及位置精度检测与补偿等;电气部分的装调按生产过程分为基本控制逻辑的调试与数控系统基本参数的调试;机电联调部分根据工厂提供的 PLC 程序,完成机床限位、回零、急停、刀架动作、手持单元等的调试;精度重整部分介绍用专用量具和工装、工具对数控机床坐标轴的平均反向差值、重复定位精度和定位精度进行检测和补偿,完成机床位置精度检测报告。另外,试切件加工部分根据国家标准的要求,对试切件图纸进行手工编程,完成试切件加工,实测试切件的精度,完成试切件的主要精度检测报告。

本书附录部分附有《数控机床装调维修工国家职业资格标准》、《数控技术专业(数控机床装调维修方向)教学计划》、《数控机床装调学习领域课程标准》等教学文件,供有关学校相关专业参考。

图书在版编目(CIP)数据

数控机床装调/陈泽宇 主编.—武汉:华中科技大学出版社,2012.6 (2022.1 重印)
ISBN 978-7-5609-7898-7

Ⅰ.数… Ⅱ.陈… Ⅲ.①数控机床-安装-高等职业教育-教材 ②数控机床-调试方式-高等职业教育-教材 Ⅳ.TG659

中国版本图书馆 CIP 数据核字(2012)第 069299 号

数控机床装调 陈泽宇 主编

策划编辑:严育才
责任编辑:刘 飞
封面设计:范翠璇
责任校对:张 琳
责任监印:张正林
出版发行:华中科技大学出版社(中国·武汉) 电话:(027)81321913
　　　　武汉市东湖新技术开发区华工科技园 邮编:430223
录　排:华中科技大学惠友文印中心
印　刷:武汉邮科印务有限公司
开　本:710mm×1000mm 1/16
印　张:14.5
字　数:300 千字
版　次:2022 年 1 月第 1 版第 7 次印刷
定　价:35.00 元

全国高职高专机械设计制造类工学结合"十二五"规划系列教材

编委会

全国高职高专机械设计制造类工学结合"十二五"规划系列教材

序

目前我国正处在改革发展的关键阶段,深入贯彻落实科学发展观,全面建设小康社会,实现中华民族伟大复兴,必须大力提高国民素质,在继续发挥我国人力资源优势的同时,加快形成我国人才竞争比较优势,逐步实现由人力资源大国向人才强国的转变。

《国家中长期教育改革和发展规划纲要(2010—2020 年)》提出:发展职业教育是推动经济发展、促进就业、改善民生、解决"三农"问题的重要途径,是缓解劳动力供求结构矛盾的关键环节,必须摆在更加突出的位置。职业教育要面向人人、面向社会,着力培养学生的职业道德、职业技能和就业创业能力。

高等职业教育是我国高等教育和职业教育的重要组成部分,在建设人力资源强国和高等教育强国的伟大进程中肩负着重要使命并具有不可替代的作用。自从 1999 年党中央、国务院提出大力发展高等职业教育以来,培养了 1 300 多万高素质技能型专门人才,为加快我国工业化进程提供了重要的人力资源保障,为加快发展先进制造业、现代服务业和现代农业作出了积极贡献;高等职业教育紧密联系经济社会,积极推进校企合作、工学结合人才培养模式改革,办学水平不断提高。

"十一五"期间,在教育部的指导下,教育部高职高专机械设计制造类专业教学指导委员会根据《高职高专机械设计制造类专业教学指导委员会章程》,积极开展国家级精品课程评审推荐、机械设计与制造类专业规范(草案)和专业教学基本要求的制定等工作,积极参与了教育部全国职业技能大赛工作,先后承担了"产品部件的数控编程、加工与装配"、"数控机床装配、调试与维修"、"复杂部件造型、多轴联动编程与加工"、"机械部件创新设计与制造"等赛项的策划和组织工作,推进了双师队伍建设和课程改革,同时为工学结合的人才培养模式的探索和教学改革积累了经验。2010 年,教育部高职高专机械设计制造类专业教学指导委员会数控分委会起草了《高等职业教育数控专业核心课程设置及教学计划指导书(草案)》,并面向部分高职高专院校进行了调研。根据各院校反馈的意见,教育部高职高专机械设计制造类专业教学指导委员会委托华中科技大学出版社联合国家示范(骨干)高职院校、部分重点高职院校、武汉华中数控股份有限公司和部分国家精品课程负责人、一批层次较高的高职院校教师组成编委会,组织编写全国高职高专机械设计制造类工学结合"十二五"规划系列教材。

本套教材是各参与院校"十一五"期间国家级示范院校的建设经验以及校企

结合的办学模式、工学结合的人才培养模式改革成果的总结,也是各院校任务驱动、项目导向等教学做一体的教学模式改革的探索成果。因此,在本套教材的编写中,着力构建具有机械类高等职业教育特点的课程体系,以职业技能的培养为根本,紧密结合企业对人才的需求,力求满足知识、技能和教学三方面的需求;在结构上和内容上体现思想性、科学性、先进性和实用性,把握行业岗位要求,突出职业教育特色。

具体来说,力图达到以下几点。

(1)反映教改成果,接轨职业岗位要求。紧跟任务驱动、项目导向等教学做一体的教学改革步伐,反映高职高专机械设计制造类专业教改成果,引领职业教育教材发展趋势,注意满足企业岗位任职知识、技能要求,提升学生的就业竞争力。

(2)创新模式,理念先进。创新教材编写体例和内容编写模式,针对高职高专学生的特点,体现工学结合特色。教材的编写以纵向深入和横向宽广为原则,突出课程的综合性,淡化学科界限,对课程采取精简、融合、重组、增设等方式进行优化。

(3)突出技能,引导就业。注重实用性,以就业为导向,专业课围绕高素质技能型专门人才的培养目标,强调促进学生知识运用能力,突出实践能力培养原则,构建以现代数控技术、模具技术应用能力为主线的实践教学体系,充分体现理论与实践的结合,知识传授与能力、素质培养的结合。

当前,工学结合的人才培养模式和项目导向的教学模式改革还需要继续深化,体现工学结合特色的项目化教材的建设还是一个新生事物,处于探索之中。随着这套教材投入教学使用和经过教学实践的检验,它将不断得到改进、完善和提高,为我国现代职业教育体系的建设和高素质技能型人才的培养作出积极贡献。

谨为之序。

教育部高职高专机械设计制造类专业教学指导委员会主任委员
国家数控系统技术工程研究中心主任　　陈吉红
华中科技大学教授、博士生导师

2012年1月于武汉

前　　言

作者收集了十多年来在工厂进行数控机床设计、装配与调试的资料,结合现代高等职业技术学校基于工作过程的开发理念,集合全国各地在数控机床装调维修从事教学的一线教师,历时三年有余,配合国家精品课程"数控机床装调"的开设与深入,编写了《数控机床装调》一书。

本书适合高等职业技术学院开设机电设备维修专业、机电一体化专业、数控技术专业的学生使用,适合本科学校机械制造及自动化专业、机电一体化专业的学生进行课程设计与毕业设计使用,也适合工程技术人员使用。

本书以数控机床装调全过程为依据,选取数控机床机械装调典型工作任务,引入数控机床电气装调真实工作过程。具体有如下特点。

引产入教　书中所选取实例,如床身、立柱、工作台、弧面分度凸轮刀库机械手等,都是已经在市场上出现并正在销售的产品;有些产品还是作者已经申请新型实用专利的。引入的检测标准,是目前数控机床制造企业正在使用的国家标准或国际标准。引入的装调操作规范,是企业的能工巧匠多年积累的经验总结。引入的设计与校核理论,是经典机电传动设计理论与现代模拟仿真软件相结合的典范。

项目导向　本书按数控机床装调的生产过程编排,是数控机床实际装调过程在书本上的映射。本书共分为七大项目,内容涵盖数控机床机械装调、数控机床电气装调、数控机床机电联调及数控机床精度重整四部分。其中:机械部分的装调按生产过程分为进给传动链装调、主传动链装调、刀辅传动链装调、整机机械装调及位置精度检测与补偿等部分;电气部分的装调按生产过程分为基本控制逻辑的调试与数控系统基本参数的调试两部分。

教学做一体　本书贯彻教学做一体、行动导向等现代高职教学组织原则。"教"是指书中既有能工巧匠的操作示范,又有行动之后的理论讲授;"学"是指学生操作演练的实际步骤与注意事项及模拟软件仿真装调;"做"是指学生参与数控机床部件装调及精度检测。

理实一体　本书每一项目都划分为项目教学单元设计(学习目标、教学内容)与项目内容设计(项目载体介绍、基础理论、实例分析、装配与检测、操作技能)等两部分,后一部分既包括机床装调操作所需要的基础理论,又包括理论支撑下的装配与检测及精度分析与调整。

本书由陈泽宇(高级工程师,广州铁路职业技术学院)主编。具体编写分工如下:陈子珍(宁波职业技术学院)编写项目一;于向和(长春职业技术学院)编写项目二;张秀玲(内蒙古机电职业技术学院)编写项目三;闫瑞涛(黑龙江农业经济职业学院)编写项目四;廖强华(深圳职业技术学院)编写项目五;徐安林(无锡职业技术学院)编写项目六;孙志平(河北机电职业技术学院)编写项目七。全书由陈泽宇统稿、定稿。参与本书编写和讨论的老师还有:成图雅(内蒙古机电职业技术学院);张鑫(长春职业技术学院);文丽丽(广州科贸职业学院);王达斌(广州岭南职业技术学院);周敏(中山职业技术学院);黄文汉(河源职业技术学院);石金艳(湖南铁道职业技术学院);王守志(威海职业技术学院);王伟军(广西机电职业技术学院);王磊(云南机电职业技术学院);李日森(广东水利电力职业技术学院);杨云兰(茂名职业技术学院);张泽华(广州大学市政技术学院);朱洪雷(广州番禺职业技术学院);程豪华(广州市机电高级技工学校)等。在此对以上人员表示衷心的感谢! 同时感谢中山鑫辉汽车模具有限公司夏炎总工程师的大力支持!

由于基于"行动导向、理实一体"的创新教材的编写在我国还是一个崭新的课题,尚处于探索阶段,加之作者水平有限,书中肯定存在问题。欢迎国内同行不吝赐教,以便本书得到不断改进和提高。

本书的电子资源可链接国家精品课程资源网 http://course. jingpinke. com/zhuanke。

编　者

2011 年 12 月

目　　录

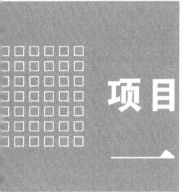

项目 一

进给传动机械功能部件装调

任务 1 项目教学单元设计

【学习目标】

(1) 会选用典型零部件进行数控机床进给传动链的装配与调整。

(2) 会运用工夹量具对进给传动链进行精度检测。

(3) 能对进给传动链的关键零部件进行计算与校核。

【教学内容】

数控机床机械传动部件和支承部件,如滚珠丝杠螺母副、滚动导轨副、贴塑导轨、无间隙传动联轴器、带传动等的认识与选用,进给传动链滚珠丝杠螺母副的设计与校核,进给传动链伺服电动机的选型与校核。

任务 2 项目内容设计

知识点 1 进给传动机械功能部件

数控机床是柔性化制造系统和敏捷化制造系统的基础装备,它的总的发展趋势是高精化、高速化、高效化、柔性化、智能化和集成化,并注重工艺适用性和经济性,其中高精度是数控机床发展中永远追求的目标。从 1950 年至 2000 年的 50 年内加工精度提升了 100 倍左右,当前的普通精度加工已达 20 世纪 50 年代的精密加工水平。以加工中心加工典型件的尺寸精度和形位精度为例,对比国内外的水平,国内大致为 0.008~0.010 mm,而国际先进水平为 0.002~0.003 mm。无论哪种类型的数控机床,其进给系统装配精度都对整机的加工精度起着决定性的作用。进给传动链机械结构组成环节大致如图 1-1 所示。

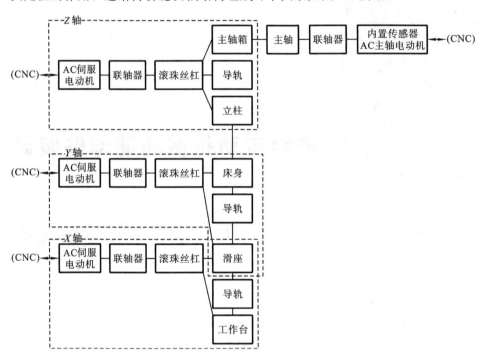

图 1-1　数控机床进给传动链机械结构组成环节

某加工中心工作台进给轴功能部件如图 1-2 所示。

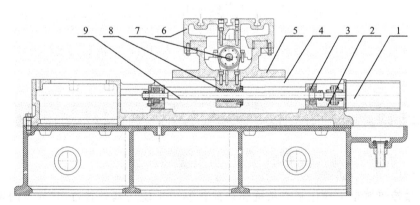

图 1-2　某加工中心工作台进给轴功能部件

1—伺服电动机；2—联轴器；3—轴承；4—防护罩；5—滑座；6—工作台；7、9—滚珠丝杠副；8—螺母座

1．数控机床对数控机械的要求

1）静刚度好

机床在静态力作用下所表现出的刚度称为静刚度，在动态力作用下所表现出的刚度称为动刚度。在机床的性能测试中常用刚度的倒数（称为柔度）来描述

机床的该项性能。

机床的静刚度为 $$k = P/\delta$$

机床的动刚度为 $$k_{\mathrm{d}} = k \sqrt{\left(1 - \frac{\omega^2}{\omega_{\mathrm{n}}^2}\right)^2 + 4\,\xi^2\,\frac{\omega^2}{\omega_{\mathrm{n}}^2}}$$

式中：k——机床结构系统的静刚度（N/μm）；

$\quad\quad k_{\mathrm{d}}$——机床结构系统的动刚度（N/$\mu$m）；

$\quad\quad P$——机床的静负荷（N）；

$\quad\quad \delta$——机床在静负荷作用下所产生的变形量（μm）；

$\quad\quad \omega$——外加激振力的激振频率（Hz）；

$\quad\quad \omega_{\mathrm{n}}$——机床结构系统的固有频率（Hz），$\omega_{\mathrm{n}} = \sqrt{k/m}$，其中 m 为结构系统质量；

$\quad\quad \xi$——机床的阻尼比。

由上式可以看出，机床结构系统在动态力作用下的动刚度 k_{d} 与静刚度 k、频率比 $\omega/\omega_{\mathrm{n}}$ 及阻尼比 ξ 有关。在频率比相等时，静刚度与动刚度成正相关关系。数控机床也要求如此。数控机床要求有高的静、动刚度及较强的抗振性。其动刚度比普通机床要高 50%。提高数控机床结构刚度的常用措施是：提高机床构件的静刚度和固有频率；改善薄弱环节的结构或布局；合理设计构件的截面形状及尺寸，使其在较小质量下具有较高的静刚度和适当的固有频率；设置卸荷装置以减少有关零部件的静力变形；提高构件间的接触刚度；改善机床结构的阻尼特性；采用新材料和钢板焊接结构等。

2）热变形小

机床受热产生变形是影响机床加工精度的重要因素之一，因此对高速、高效的数控机床为减少热变形而采取的措施应予以特别重视。在进行机床结构布局设计时可采用热对称结构、斜床身结构，或分析热源，采取热平衡措施和热补偿技术以控制机床的温升。

3）传动系统结构简单

机床主传动系统一般采用变频调速电动机，以便在额定转速以下时保证恒扭矩输出，在额定转速以上时保持恒功率输出。选用足够大的电动机，取消主轴变速机构，可保证主轴有足够大的输出扭矩，同时大大简化主传动系统。当前，在数控机床中出现的电主轴就是将主轴电动机和主轴合成而得到的一个部件，将主轴与电动机合为一体进一步简化了机床的主轴箱。进给传动系统一般采用交流伺服电动机或步进电动机，直接驱动滚珠丝杠螺母结构，实现直线进给运动。当前在数控机床中又出现了用直线电动机来直接驱动工作台移动的设计：数控机床的工作台相当于直径无穷大的电动机转子，底座就是定子，这样就取消了滚珠丝杠螺母副，大大简化了进给传动机构，提高了传动系统的刚度。

2. 几种典型机床部件

1) 滚珠丝杠螺母副

滚珠丝杠螺母副(见图1-3)是数控机床的核心部件之一,它可将伺服电动机的旋转运动转换为拖板或工作台的直线运动(运动可逆)。滚珠丝杠传动系统是一个以滚珠作为滚动媒介的滚动螺旋传动体系。其传动形式分为两种:①将回转运动转化成直线运动;②将直线运动转化成回转运动。滚珠丝杠螺母副由滚珠、丝杠、返向器、螺母等组成,其关键在于返向器结构。最普通的返向结构是通过一个返向器在单圈内进行滚珠的循环运动。返向器为金属材料,以使其表面耐磨、寿命持久。返向器可分为外循环与内循环两种结构,返向器使滚珠返向顺畅,加之在螺母体内只有一个滚珠进出通道,从而运行更加平稳。滚珠数量越多,丝杠的承载力越大。图1-4所示为常用的内循环回珠器。

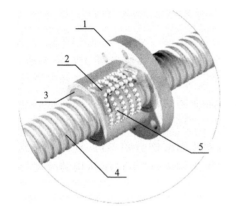

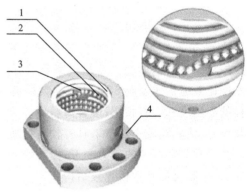

图1-3 滚珠丝杠螺母副结构

1—螺母;2—返向器;3—防尘圈;
4—丝杠;5—滚珠

图1-4 内循环回珠器

1—防尘圈;2—滚珠;3—返向器;4—螺母

滚珠丝杠螺母副传动具有以下特点。

(1) 传动效率高 滚珠丝杠传动系统的传动效率高达90%~98%,为传统的滑动丝杠系统的2~4倍(见图1-5),所以能以较小的扭矩得到较大的推力,亦可将直线运动转换为旋转运动(运动可逆)。扭矩和推力的转换公式为

$$F = \frac{2\pi\eta}{S}M$$

式中:F——丝杠(或螺母)转动产生的推力(N);

M——丝杠或螺母转动时的扭矩(N·m);

S——丝杠导程(mm);

η——传动效率,一般取0.9。

(2) 运动平稳 滚珠丝杠传动系统为点接触滚动运动(见图1-6),工作中摩擦阻力小、灵敏度高、启动时无颤动、低速时无爬行现象,因此可精密地控制微量

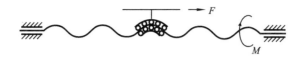

图 1-5 丝杠与螺母力的变换关系

进给。

（3）高精度 滚珠丝杠传动系统在运动中的温升较小，并可预紧消除轴向间隙和对丝杠进行预拉伸以补偿热伸长，因此可以获得较高的定位精度和重复定位精度。

（4）耐用性高 钢球滚动接触处均经硬化（58～63HRC）处理，并经精密磨削，循环体系运动过程属纯滚动，相对磨损甚微，故具有较高的使用寿命和精度保持性。

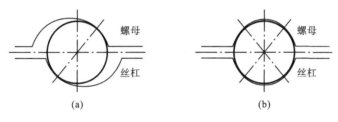

图 1-6 丝杠受力特性及预紧

（5）同步性好 由于运动平稳、反应灵敏、无阻滞、无滑移，用几套相同的滚珠丝杠传动系统同时传动几个相同的部件或装置，可以获得很好的同步效果。

（6）可靠性高 与其他传动机械的液压传动系统相比，滚珠丝杠传动系统故障率很低，维修保养也较简单，只需进行一般的润滑和防尘，而且在特殊场合可在无润滑状态下工作。

在此特别说明，采用歌德式（Gothic arch）沟槽形状，轴向间隙可调整得很小（见图 1-7），也能轻便地传动，无须背隙与预紧。若加入适当的预紧载荷，消除轴向间

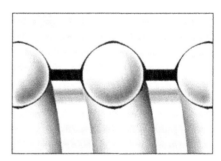

图 1-7 丝杠沟槽

隙，可使丝杠具有更佳的刚性，在承载时减少滚珠和螺母、丝杠间的弹性变形，可使传动达到更高的精度。

滚珠丝杠螺母副与普通丝杠螺母副不同的是前者通过循环钢球将滑动摩擦改变为滚动摩擦，由此减少了摩擦损失并提高了传动效率。由于滚珠丝杠螺母副之间的摩擦是滚动摩擦，在螺母、钢球和丝杠之间允许施加预紧力，可以消除正反向传动的间隙并提高传动刚度，使静、动摩擦系数的变化减少，从而改善了

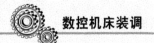

进给传动系统的动态特性。

2）滚动导轨副

滚动导轨的低摩擦力特点可使机床的响应更迅速，移动速度更高，对复杂曲面工件的高速加工更有利，且其动、静摩擦系数很接近，可避免低速爬行，得到较高的定位精度。但是，在实际应用中发现，滚动导轨也存在着诸如刚性、吸振性、阻尼性等方面的不足。滚动导轨对脏物比较敏感，必须有良好的防护装置，在发生冲撞时，直线滚动导轨更容易受到损坏，且在现场条件下不易修复。滚动导轨副的结构形式很多，其共同特点是利用滚动体（钢球或钢柱）的滚动将导轨副的滑动摩擦改变为滚动摩擦（摩擦系数一般在 0.003 左右）以减少摩擦阻力。滚动导轨允许施加预紧力，这就可以消除运动副之间的传动间隙，同时也可以提高传动刚度。由于滚动导轨副之间的运动是滚动摩擦，所以它的静、动摩擦系数变化小，可以改善运动副的动态特性。滚动导轨的运行速度可大于 240 m/min。

滚动导轨副是由导轨、滚动体和滑块三个主要零件组成的。目前数控机床上使用最多的滚动导轨是双"V"形（或称矩形）直线滚动导轨副，如图 1-8(a)所示。受力较小时也可以使用圆柱形直线滚动导轨副，如图 1-8(b)、(c)所示。

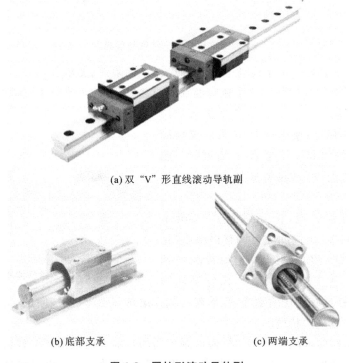

(a) 双 "V" 形直线滚动导轨副

(b) 底部支承

(c) 两端支承

图 1-8　圆柱形滚动导轨副

以上形式的直线滚动导轨的滚动体都是钢球。还有一种直线滚动导轨，它的滚动体是圆柱体，称为滚子导轨块，如图 1-9 所示。

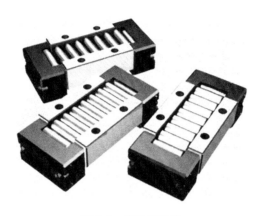

图 1-9 滚子导轨块

3) 贴塑导轨

滑动导轨采用贴塑导轨软带取得了较好的效果,由于它具有良好的摩擦特性和耐磨性,可保证较高的重复定位精度和满足微量进给时无爬行的要求。与滚动导轨相比,贴塑导轨还具有寿命长、结构简单、成本低、使用方便、吸振性好、刚性好等优点。贴塑导轨现有贴塑导轨软带,三层复合材料 DU 导轨板和塑料涂层导轨等品种,其中尤以贴塑软带应用最为广泛,因为它结构简单、加工成本低、有良好的摩擦特性。

聚四氟乙烯(4F)是做塑料导轨软带的理想材料,也是当前国内外研究最多、使用最广的一种材料,它在众多工程塑料品种中处于佼佼者的地位,至今还没有一种材料能将其超越。工业上大多使用填充聚四氟乙烯材料,即在聚四氟乙烯中加入各种金属或非金属材料,以改善或提高其性能,称为聚四氟乙烯基软带(4FJ)。图 1-10 所示为工作台和滑座的横剖面及贴塑横剖面图。

贴塑导轨如图 1-11 所示。从表面看它与普通滑动导轨没有多少区别,但是在两个金属滑动面之间粘贴了一层特制的复合工程塑料带,这样就将导轨的金属与金属的摩擦副改变为金属与塑料的摩擦副,因而改变了数控机床导轨的摩擦特性。经过多次试验研究确认,导轨面经配刮加工后的塑料与铸铁面的摩擦特性更接近于数控机床进给系统的要求,主要原因是贴塑导轨的摩擦系数(0.03~0.05)低于金属与金属摩擦副的摩擦系数;而更重要的原因是贴塑导轨的静、动摩擦系数相差很小。此外,贴塑导轨副是面接触,在运动副之间没有滚动体,它的阻尼比大于滚动导轨的阻尼比(阻尼比 $\xi = \dfrac{c}{2\sqrt{mk}}$,贴塑导轨的 c 大、k 小),两种导轨相比较,贴塑导轨的抗振性优于滚动导轨的抗振性。

贴塑导轨用的复合工程塑料是以聚四氟乙烯为基体添加青铜粉、二硫化钼和石墨等混合材料烧结而成的,使用时一般做成带状。生产厂家不同,添加的材料不同,因此摩擦特性有差别。

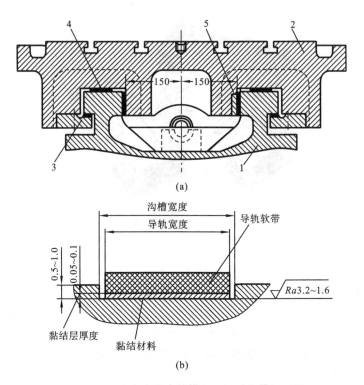

(a)

(b)

图 1-10　工作台和滑座的横剖面及贴塑横剖面图
1—床身;2—工作台;3—下压板;4—导轨软带;5—附有导轨软带的镶条

图 1-11　贴塑导轨工作图

　　塑料导轨副的加工方法是:从生产厂家购入导轨用塑料带后,粘贴在一个粗加工的导轨面上,固化后再与另一个已磨削好的金属导轨面配刮。刮研点要深,以便存储润滑油。

4）间隙消除机构

在数控机床进给系统中,运动副的传动间隙是导致反向误差的主要因素之一,如果数控系统不能补偿该项误差就会直接影响加工精度。因此,消除进给系统中传动副(如齿轮副、蜗杆蜗轮副、齿轮齿条副等)的正反间隙,是数控机床机械结构设计必须解决的问题。消除上述传动副的传动间隙的机械结构形式很多,其基本原理是改变主、被动齿轮在齿槽中的接触条件,即保证一个齿轮与另一个齿轮的齿槽的两面都接触或间隙最小,并且在装配时可以调节。

图 1-12 所示的是用双片齿轮错齿法消除传动间隙的结构原理图。松开双片齿轮紧固螺钉后,弹簧使两片齿轮错位,消除与其相啮合的齿轮之间的齿侧间隙。

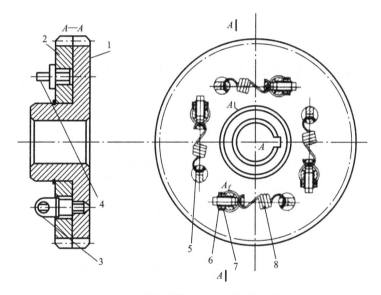

图 1-12 用双片齿轮错齿法消除传动间隙原理图

1、2—薄齿轮;3、4—凸耳;5、6—螺母;7—调节螺钉;8—弹簧

图 1-13 所示的是消除侧齿隙并预加载荷的双齿轮、齿条传动结构原理图。通过液压装置推动螺旋齿轮轴向移动,使其啮合的齿轮产生旋转,从而使两个小齿轮分别与齿条的两个侧面相啮合,并产生一定的预紧力。

5）无间隙传动联轴器

在数控机床的进给传动系统中,通常都采用无间隙传动联轴器来连接两轴(伺服(或步进)电动机轴与滚珠丝杠),以完成进给传动链的旋转运动。此外,需要用特制的联轴器连接编码盘与被检测轴才能保证检测精度的要求。选用联轴器时要考虑联轴器传动力矩的大小,联轴器两端的孔径,联轴器与转轴的连接方式,对被连接的两轴允许的平行偏差、角度偏差,联轴器的消振性,以及联轴器的外形尺寸等。图 1-14 给出了目前几种常用联轴器的示意图。

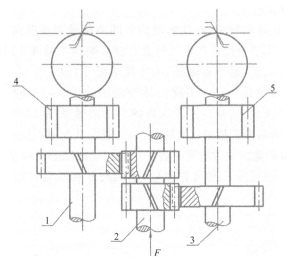

图 1-13 消除侧齿隙并预加载荷的双齿轮、齿条传动结构原理图

1、2、3—轴；4、5—齿轮

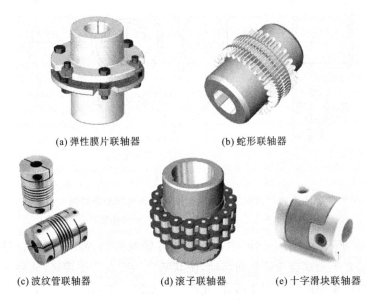

(a) 弹性膜片联轴器   (b) 蛇形联轴器

(c) 波纹管联轴器   (d) 滚子联轴器   (e) 十字滑块联轴器

图 1-14 几种常用的联轴器

6）带传动

在数控机床中，伺服（步进）电动机轴与滚珠丝杠轴由于结构限制或性能要求而不允许同轴时，一般采用带传动。主轴电动机带动主轴旋转也多采用齿形带传动，因为齿形带传动兼有定比传动及扩大中心距的优势。

带传动是一种传统的传动方式，常见的带传动类型有 V 带传动、平带传动、多楔带传动和同步带传动。由于数控机床的主轴传动和进给传动通常都要求准确的传动比,因此多选用同步带(又称同步齿形带,其结构如图 1-15 所示)。同步带根据齿形不同又可分为梯形齿同步带和圆弧齿同步带。梯形齿同步带在传递功率时,应力集中在齿根部位,会使传递功率的能力下降;梯形齿同步带与小带轮接触时,带上的齿会变形,使其受力情况变坏;梯形齿同步带在高速运动时,会产生较大的噪声和振动。圆弧齿同步带传动克服了梯形齿同步带传动的缺点,因此在数控机床中当需要带传动时,总是优先选用圆弧齿同步带传动。圆弧齿同步带传动同时具有带传动和链传动的优点,不会打滑,不需要很大的张紧力,其传动效率可达 98%~99.5%,可用于 60 m/s 的高速传动。圆弧齿同步带用在高速传动场合时,在其有轮缘的带轮上要设排气槽,以免产生啸叫声。

图 1-15　同步齿形带结构　　　　　　图 1-16　角接触球轴承

7) 角接触球轴承

轴承所能承载的载荷有纯径向载荷、纯轴向载荷及径、轴向载荷都具备的混合载荷。在数控机床中,轴承一般要同时承受径向载荷和轴向载荷,因此最常用的是接触角为 15°~60°之间的能同时承受轴向载荷和径向载荷的角接触球轴承。就承载能力而言,它在数控机床中的重要性要比在其他动力机械中的大得多。在机床的传动系统中,多数轴承都要承受混合载荷。因此,角接触球轴承(见图 1-16)应用得越来越广泛。

8) 底座

底座是机床的重要基础部件之一。图 1-17 所示为 TH6340 型交换台卧式加工中心的底座(其三视图见图 1-33),它的后半部装有使立柱纵向、横向移动的导轨,前半部用来支承工作台及工件,因此要求底座必须具有很好的刚性。其结构保证措施如下。

(1) 采用整体底座,合理布筋,使底座具有足够的支承刚性。

(2) 底座的四周设计了良好的回水、聚集铁屑结构,在底座中间设计有排屑出口并且与链式排屑器直接相连,保证了回水通畅、排屑方便。

(3) 在底座的后半部有使立柱纵向、横向移动的滑鞍,适当加大底座纵向导轨的跨度,其目的是保证 Z 向进给时有关的几何精度更加稳定。

(4) 将使滑鞍纵向移动的滚珠丝杠的支承座与底座铸成一体,保证了滑鞍纵向移动时具有足够的支承刚性。

11

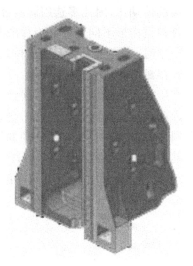

图 1-17　TH6340 型交换台卧式加工中心床身示意图　　图 1-18　　TH6340 型交换台卧式
加工中心立柱示意图

9）立柱

立柱也是机床的重要基础部件之一。图1-18所示为 TH6340 型交换台卧式加工中心的立柱（其三视图见图 1-34），其上设有主轴箱上下移动的导轨，在立柱顶端设有主轴箱平衡装置。为了保证立柱具有足够的刚性和满足精度要求，立柱应具有如下特点（见图1-18）。

（1）立柱采用框架式结构，这种结构热对称性好、刚性高。

（2）立柱的顶部设有平衡装置，用来平衡主轴箱。平衡装置采用平衡阀来控制，有利于 Y 向位置精度以及有关几何精度的稳定。

（3）Y 向滚珠丝杠的支承座与立柱顶平面铸为一体，有利于提高丝杠的支承刚性。

（4）在 Y 向滚珠丝杠的前部设有伸缩式防护板，以保证 Y 向导轨清洁，同时使外观更加美观。

10）直线电动机

直线电动机是一种将电能直接转换成直线运动机械能，而不需要任何中间转换机构的传动装置。跟传统的"旋转电动机＋滚珠丝杠"的传动方式相比，直线电动机传动省略了将旋转运动转化成直线运动的一切中间传动装置，如滚珠丝杠、齿轮齿条和链条等中间传动装置。正是由于直线电动机取消了从电能到直线运动形式机械能转化之间的一切中间环节，因此称为"零传动"或"直接驱动"技术。直线电动机直接驱动技术是 20 世纪后半叶出现的新型驱动技术，它将在精密和超精密加工领域发挥重要作用。直线电动机和旋转电动机相比，其基本原理相似，只是在结构上和旋转电动机有着较大的差异。直线电动机可以简单地认为是从旋转电动机演变过来的,将旋转电动机沿径向剖开,然后再将旋转电动机的转子和定子沿圆周方向展开成直线,就得到了直线电动机,如图 1-19 所示。平板直线电动机除具有普通直线电动机的优点以外,平板平面型直线电动机的动定子间有气隙隔开,因此具有非接触特点,无磨损,超平滑运动,且可以连接成较长的长度,跟踪误差小,精度极高,回应快。平面式直线电动机分为铁芯和非铁芯两类:铁芯类直线电动机单位体积出力更大;非铁芯直线电动机无磁滞和涡流效应,运动更加平滑,磁损耗少,发热小,连续、峰值推力大(可以超过 10 000 N),模块化设计且行程可任意延长,配合直线光栅尺使用时可达到高精度。

图 1-19　直线电动机

知识点 2　机械功能部件的选择与计算

1. 滚珠丝杠副的传动要求

机床的伺服进给传动是把调节器的控制指令转换成三个方向的直线运动,因此,数控机床的进给传动装置必须具有如下特征。

(1)良好的动态响应特性,即当控制参数更改时,机床滑台应在最短时间内跟上这种变动;伺服电动机在很短的时间内(伺服上升时间)输出峰值力矩,同时要求电动机必须具有足够高的持续力矩和足够的峰值力矩输出时间,以分别克服静态载荷和动态载荷。

(2)系统稳定性好,即当负载发生变化或承受外界干扰的情况下,输出速度响应应基本不变。

(3)位置精度高,即实际位移与指令位移的差值要小。

(4)调速范围要宽,要既能实现最小设定的速度值,又能满足空载高速运行的需要。机床的定位精度很大程度上取决于滚珠丝杠的制造精度及安装精度。

通过选择适当精度的丝杠,再辅之以螺距误差补偿等措施(其核心是通过预发脉冲来补偿滚珠丝杠的位移),半闭环系统机床的进给传动组成环节如下:

伺服进给电动机(编码器)——→联轴器——→滚珠丝杠——→螺母座(工作滑台)

2. 滚珠丝杠副的选择与计算

滚珠丝杠的选择包括滚珠丝杠导程的计算与选择、滚珠丝杠名义直径的计算与选择及选取滚珠丝杠精度的容许值为±0.008/300(假定容许值)。一般可以通过查阅相应滚珠丝杠的用户手册得到满意的结果。

1)滚珠丝杠的方向目标值的计算

滚珠丝杠在运行的过程中由于热膨胀引起丝杠导程发生变化,会影响系统的定位精度。选择滚珠丝杠安装方式,同时作必要的压杆稳定校核。

2)滚珠丝杠导程精度的选择

滚珠丝杠导程精度是指在全行程内规定长度范围(国标一般规定普通型机床在任意300 mm的行程内,精密型在全行程内)导程的变动值。选取的基本原则是:滚珠丝杠的导程精度应为机床精度的1/3~1/2。TH6340型交换台卧式加工中心所要求的全程精度值为±0.015/300,因此,除了采用润滑或冷却减少丝杠的发热,对滚珠丝杠施加预拉力外,还必须计算出由于丝杠温升引起的变形量,以便订购丝杠时生产厂家把丝杠导程值预置为负值,以此来减少热变形的影响。其计算公式为

$$\Delta L = \alpha L \Delta t \tag{1-1}$$

式中:ΔL——滚珠丝杠的方向目标调整值;

    α——滚珠丝杠的材料热膨胀系数;

    L——滚珠丝杠的有效工作行程;

    Δt——滚珠丝杠因发热引起的温升。

3)滚珠丝杠轴向间隙的解决措施

在进给传动中,要尽量减少传动轴向间隙。因为轴向间隙是影响反向间隙的决定性因素。减少或消除反向间隙的根本措施是在滚珠丝杠轴向上施加大小适当的预紧力。

如图1-20所示,对双螺母垫片调隙式滚珠丝杠副而言,中间调整垫片的宽度会影响到两边滚珠的受力,在没有施加外力的条件下,左边的滚珠向右挤压滚道,右边的滚珠向左挤压滚道,此时两边滚珠所受的力皆为 P_0,但方向相反。滚珠和螺纹滚道间由于受到轴向力的作用而产生轴向变形。由赫兹公式可知:在弹性变形范围内,变形量δ与变形压力P之间的关系式为

$$\delta = cP^{2/3} \tag{1-2}$$

式中:c——与螺纹滚道的曲率、材料的弹性模量有关的系数。

当施加初始预紧力 P_0 后,螺母 A、B 的变形量皆为 δ_0。当螺母受到工作载

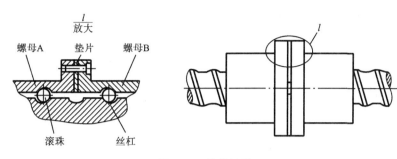

图 1-20 垫片调隙

荷 $P_w(>P_0)$ 作用时,螺母 B 的变形量为 $\delta_b=\delta_0+\Delta\delta$,螺母 A 的变形量为 $\delta_A=\delta_0-\Delta\delta$。因此要满足滚珠丝杠在最大轴向载荷 P_{wmax} 作用下的轴向间隙为零,即要满足

$$\delta_A=\delta_0-\Delta\delta=0$$

$$\delta_0=\Delta\delta \tag{1-3}$$

相应地,螺母 B 的变形量为 $\delta_B=\delta_0+\Delta\delta=2\delta_0$,由赫兹公式可得

$$\delta_0=cP_0^{2/3}$$

$$\delta_B=cP_{wmax}^{2/3}=2\delta_0=2cP_0^{2/3}$$

于是有

$$P_0=P_{wmax}/(2\sqrt{2})\approx P_{wmax}/3$$

即预紧力 P_0 不应超过最大轴向载荷 P_{wmax} 的 $1/3$,才使轴向间隙最小。δ-P 变化曲线如图 1-21 所示。

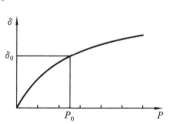

图 1-21 预紧力确定关系图
（δ-P 变化曲线）

4）导程 P_h 的计算与选择

导程的选择应满足这样的条件:伺服驱动电动机以最高转速运转时,单位时间内驱动执行件所移动的距离不小于执行件所要求移动的距离。即

$$P_h\geqslant v_{max}/n_{max} \tag{1-4}$$

式中：v_{max}——执行件所要求移动的最大线速度;

n_{max}——伺服驱动电动机的最大转速。

因此对 TH6340 型交换台卧式加工中心而言,有

$$p_h\geqslant v_{max}/n_{max}=9.55$$

再查阅相关用户手册,可以选用导程为 10 mm 的丝杠,并可由此确定伺服电动机编码器的规格（在最小进给量为 $\delta=0.001$ 毫米/脉冲的条件下）：

$$N=P_h/\delta=10/0.001=10\ 000（脉冲/转） \tag{1-5}$$

式中：N——每转的脉冲数。因此可选用每转 2 500 个脉冲的编码器,倍频器倍数为 4。

5) 滚珠丝杠名义直径的计算与选择

滚珠丝杠名义直径按所承受的当量动载荷来选择。额定动载荷是指一批相同规格的滚珠丝杠经过一百万次运转后,90%的滚珠丝杠副不发生疲劳点蚀时的轴向载荷。滚珠丝杠的名义直径越大,则承载能力和刚度越大。结合 TH6340 型交换台卧式加工中心的实际,由于所承受的载荷在最大与最小载荷之间单调变化,故平均载荷为

$$F_{\text{avg}} = (2F_{\max} + F_{\min})/3 \qquad (1\text{-}6)$$

由于本机床采用铸钢贴塑(聚四氟乙烯)导轨,因此最小动载荷 $F_{\min}$ 为

$$F_{\min} = \mu(m_{\text{w}} + m_{\text{t}})g \qquad (1\text{-}7)$$

式中:μ——导轨间的摩擦系数;

$\quad m_{\text{w}}$——工件的质量;

$\quad m_{\text{t}}$——工作台的质量;

$\quad g$——重力加速度。

TH6340 型交换台卧式加工中心最大载荷发生在对工件进行端面铣时,有

$$F_{\max} = F_{\text{f}} + \mu[(m_{\text{w}} + m_{\text{t}})g + F_{\text{v}}] \qquad (1\text{-}8)$$

式中:F_{f}——主切削力(F_z)沿进给方向的切削分力($F_{\text{f}} = 0.95F_z$);

$\quad F_{\text{w}}$——主切削力(F_z)沿垂直方向的切削分力($F_{\text{v}} = 0.55F_z$)。

最大动载荷
$$F_{\text{L}} = \sqrt[3]{l} F_{\text{avg}} = \sqrt[3]{\frac{60nT}{10^6}} F_{\text{avg}} \qquad (1\text{-}9)$$

式中:l——滚珠丝杠的寿命系数;

$\quad n$——滚珠丝杠的平均转速;

$\quad T$——要求使用寿命。

通过查阅相关的用户手册并比较最大动载荷,可选择型号为 4010-5 的滚珠丝杠,其所承受的额定动载荷为 52.7 kN,丝杠的名义直径为 40 mm,预压载荷为 52.7 kN,可见预压载荷的 3 倍是 158.1 kN,略小于轴向载荷,因此满足要求。当轴向载荷大于 3 倍的预压载荷时,必须针对预紧力向制造商提出额外的要求。

6) 轴承及其安装方式的选择

TH6340 型交换台卧式加工中心是大扭矩输出型,采用丝杠专用轴承(公称接触角为 60°,以保证大的轴向支撑力)两端固定的安装方式。

7) 滚珠丝杠的最高转速的验算

对数控机床来说,滚珠丝杠的最高转速是指滑台快速移动时的转速。因此,只要此时的转速不超过临界转速就可以了。临界转速一般以校核丝杠轴的转速与在自振频率下的转速是否接近为依据。如果很接近,就会导致强迫共振,影响机床的稳定工作,因此丝杠必须在临界转速下使用。

TH6340 型交换台卧式加工中心丝杠可视为两端简支、跨度为 l 的铰支梁,因此轴的临界转速的计算公式为

$$n_{cr} = \frac{60 f_2^2}{2\pi l_c^2} \sqrt{\frac{EI}{\rho A}} \tag{1-10}$$

式中：f_2——滚珠丝杠支承方式系数；

l_c——临界转速的计算长度；

E——滚珠丝杠材料的弹性模量；

I——滚珠丝杠最小截面惯性矩，近似按等圆截面细长轴计算 $I = \dfrac{\pi d^4}{64}$；

ρ——滚珠丝杠的材料密度；

A——滚珠丝杠的最小截面积，近似按等圆截面细长轴计算 $A = \dfrac{\pi d^2}{4}$。

3. 进给系统伺服电动机的选择与校核

进给系统的驱动源是伺服电动机。伺服电动机驱动工件运动分两个阶段：一是机床启动时，机床各进给轴从机床坐标原点加速接近工件，此阶段要求伺服电动机有高的加速力矩 T_a 及很短的伺服上升时间 t_{up}，以达到快速空载所需要的力矩 T_{qul}；二是加工工件时，克服切削进给所需要的力矩 T_{fc}、最大切削负载所需要的力矩 T_{ml}。

1）伺服电动机阶跃加速时的加速力矩为

$$T_a = \frac{V_m}{60} \cdot 2\pi \cdot \frac{1}{t_a} \cdot (J_m + J_1) \tag{1-11}$$

式中：V_m——工作台移动时，伺服电动机的最高转速；

t_a——伺服电动机的加速时间，对于阶跃加速取 $t_a = \dfrac{1}{T} = \dfrac{1}{K_S}$（$t_a$ 一般取电动机机械时间常数 t_m 的 3～4 倍，K_S 为系统增益，通过数控系统来设定）；

J_m——伺服电动机的转动惯量；

J_1——负载的转动惯量。

负载的转动惯量 J_1 为进给系统各组成环节的惯量折算到电动机轴上的惯量之和，即为联轴器的转动惯量 J_{cp}、滚珠丝杠的转动惯量 J_{sc}、工件和工作台折算到电机轴上的转动惯量 J_{tw} 之和。联轴器的转动惯量 J_{cp} 通过查阅相关的使用手册可得。

滚珠丝杠的转动惯量为

$$J_{sc} = \sum \frac{1}{2} m_i r_i^2 = \frac{\pi \rho}{32} \sum d_i^4 l_i \tag{1-12}$$

式中：m_i、r_i、d_i、l_i 是实心圆柱体滚珠丝杠各部分的质量、回转半径、直径及相应的轴向长度。

因此，工件和工作台折算到电动机轴上的转动惯量之和的值为

$$J_{tw} = (m_w + m_t) \left(\frac{p_h}{2\pi} \right)^2 \tag{1-13}$$

2）切削进给所需要的力矩 T_{fc}

切削进给所需要的力矩 T_{fc} 由两部分组成，一是切削时的负载力矩 T_1；二是滚珠丝杠副引起的摩擦力矩 T_{sc}。其中

$$T_1 = \{F_f + \mu[(m_w + m_t)g + F_v]\}\left(\frac{p_h}{2\pi}\right)\frac{1}{\eta} \tag{1-14}$$

式中：η——机械传动效率，取 0.85。

$$T_{sc} = P_0\left(\frac{p_h}{2\pi}\right)\frac{1}{\eta} \tag{1-15}$$

因此

$$T_{fc} = T_1 + T_{sc} \tag{1-16}$$

3）切削时最大切削负载力矩 T_{ml}

除包括切削进给所需要的力矩 T_{fc}，还应考虑到切削过程中速度突变至某一速度 V_{sd} 所需要的加速力矩 T_{sd}，且

$$T_{sd} = \frac{V_{sd}}{60} \cdot 2\pi \cdot \frac{1}{t_a} \cdot (J_m + J_L) \tag{1-17}$$

因此

$$T_{ml} = T_{fc} + T_{sd} \tag{1-18}$$

4）负载惯量的匹配计算

机械部分的等效惯量 J_1 对进给系统的响应特性是有影响的。J_1 越大，响应越缓，出现超调的可能性越大，超调的幅值也越大；相比而言，J_1 越小，系统响应越快，也越稳定。为了保证系统的响应特性及减少现场调整，对伺服电动机惯量 J_m 的选择，应保证在设计中机械部分的等效惯量 J_1 必须在一定的取值范围内，即

$$0.5 \leqslant \frac{J_1}{J_1 + J_m} \leqslant 0.8 \tag{1-19}$$

从上面的分析可知，机床进给系统要满足四个方面的要求。

4. 传动系统刚度及精度的验算

机床伺服进给驱动系统的各组成环节的刚度，如伺服电动机的刚度 k_{sv}、联轴器的刚度 k_{cp}、滚珠丝杠的刚度 k_{sc} 及其承载轴承的刚度 k_{br}、丝杠锁紧螺母的刚度 k_{nt} 等对系统的综合刚度 k 都有影响。系统是由这几部分串联而成的，因此由弹簧串联的综合刚度公式可得

$$\frac{1}{k} = \frac{1}{k_{sv}} + \frac{1}{k_{cp}} + \frac{1}{k_{sc}} + \frac{1}{k_{br}} + \frac{1}{k_{nt}} \tag{1-20}$$

（1）伺服电动机刚度 k_{sv}　其计算式为

$$k_{sv} = k_s k_t (1 + k_{v0})/k_m R_m \tag{1-21}$$

式中：k_t——伺服电动机的转矩系数；

　　k_{v0}——速度控制环的开环增益，$k_{v0} = (2 \sim 4)k_s$；

　　k_m——伺服电动机的反电动势系数的倒数（s·v/rad）；

　　R_m——电枢电阻。

（2）弹性膜片联轴器的扭转刚度 k_{cp}　查相关产品样本可得数据。

（3）滚珠丝杠的拉压刚度 k_{sc}　本机床属于大扭矩铣削类机床，滚珠丝杠采用两端轴向定位结构，其最小拉压刚度发生在工作台位于两支承座的中间处，因此

$$k_s = \frac{4AE}{L} = \frac{4\pi d_0^2 E}{L} \tag{1-22}$$

式中：d_0——滚珠丝杠沟槽底径。

（4）丝杠锁紧螺母的接触刚度 k_{nt}　查相关产品样本可得数据。

（5）承载轴承轴向刚度 k_{br}　查相关产品样本可得数据。

由此，可求得传动系统综合刚度。

5. 结论

加工中心的定位精度是在不切削空载条件下检验的，故轴向载荷为不切削时的负载力 F_{min}。因此力引起的弹性变形为 $\varepsilon_1 = F_{min}/k \approx 3\ \mu m$；所选用的滚珠丝杠在任意 300 mm 内的导程误差为 $\varepsilon_2 = 7\ \mu m$。因此，TH6340 型交换台加工中心总的弹性变形为 $\varepsilon = \varepsilon_1 + \varepsilon_2 = 10\ \mu m \leqslant 15\ \mu m/$全行程。

6. 滑动导轨副的选型

滚动导轨内的滚珠与沟槽的常用结构可分为二列式与四列式，依其负载与刚性的不同而应用于不同场合。一般而言，滚动导轨的结构以二列式双圆弧形与四列式单圆弧形为主。二列式双圆弧形结构的滚动导轨副能承受各个方向的力和力矩，在轻负载或中负载应用场合较多，尤其在侧向负载较大时。而四列式单圆弧形结构的滚动导轨副采用较大的预紧力，刚性较好，在重负载或超重负载场合应用较多，此外，单圆弧形结构有吸收装配面误差的能力，可降低对导轨安装面的加工要求，提高整机的装配精度。基于机床导轨使用场合的实际情况，选用二列式或四列式单圆弧形或双圆弧形结构的滚动导轨副。

滚动导轨副额定寿命计算是以在一定的载荷下运行一定距离，90％的导轨不会发生点蚀为依据。这个载荷为额定动载荷，运行的距离为滚动导轨的额定寿命。采用滚珠的滚动导轨，一般额定寿命应当大于 50 km。计算当量载荷 P_c，根据导轨运动的实际情况分析，当量载荷可按照下式计算：

$$P_c = \frac{1}{4}G + \frac{l}{2a}F \tag{1-23}$$

式中：G——工作台重量；

　　　F——工作台所承受的切削力；

　　　l——刀具到导轨水平面的距离；

　　　a——同一导轨上两滑块的安装距离。

7. 实例计算

本文以 TH6340 型交换台卧式加工中心为例进行计算与校核 x 方向、y 方

向、z 方向拖动电动机轴上所需的驱动力矩。

1）x 方向上拖动电动机轴上所需驱动力矩的计算

（1）x 方向上负载力矩　x 方向上负载力矩应包括 x 方向切削时的负载力 F_{Lx}、x 方向不切削时的负载力 F_{Lx0}、x 方向切削时的负载力矩 M_x 及 x 方向不切削时的负载力矩 M_{x0}，其计算如下所示。

x 方向切削时的负载为 F_{Lx}

$$F_{Lx} = F_{cx} + u(w + F_g + F_{cf} + F_{cz}) = 374.51 \text{ kgf}$$

x 方向不切削时的负载力 F_{Lx0}

$$F_{Lx0} = u(w + F_g) = 64 \text{ kgf}$$

x 方向切削时的负载力矩 M_x

$$M_x = \frac{F_{Lx}l}{2\pi\eta} = 70.16 \text{ kgf} \cdot \text{cm}$$

x 方向不切削时的负载力矩 M_{x0}

$$M_{x0} = \frac{F_{Lx0}l}{2\pi\eta} = 12 \text{ kgf} \cdot \text{cm}$$

式中：F_{cx}——x 方向上的切削分力（kgf），$F_{cx} = 281$ kgf；

u——导轨摩擦系数，$u = 0.04$；

w——工作台及工作重量（kgf），$w = 1\ 300$ kgf；

F_g——镶条压力（kgf），取 $F_g = 300$；

F_{cf}——由主切削力引起的对工作台的附加阻力（kgf），$F_{cf} = \frac{1}{2}F_t$，$F_t =$
6 885.83 N $= 702.64$ kgf；

F_{cz}——z 方向的切削分力，$F_{cz} = 3\ 787.21$ N $= 386.45$ kgf；

l——电动机每转一转工作台沿 x 方向移动距离（cm），$l = 1$ cm；

η——传动效率，取 $\eta = 0.85$。

注：1 kgf $= 9.8$ N。

（2）由滚珠丝杠预紧引起的附加摩擦力矩 M_{0x}　其计算

$$M_{0x} = \frac{P_0 S}{2\pi\eta}(1 - \eta_0^2) \text{ kgf} \cdot \text{cm} = \frac{125 \times 1}{2 \times 3.14 \times 0.85}(1 - 0.9^2) \text{ kgf} \cdot \text{cm}$$

$$= 4.45 \text{ kgf} \cdot \text{cm}$$

式中：P_0——滚珠丝杠的预加载荷（kgf），$P_0 = 125$；

S——丝杠导程（cm），$S = 1$ cm；

η——传动链总效率，取 $\eta = 0.85$；

η_0——滚珠丝杠未预紧时的效率，$\eta_0 = 0.9$。

（3）x 方向上的转动惯量　x 方向上的转动惯量应包括工作台的惯性转化到电动机轴上的转动惯量 J_t、x 方向上滚珠丝杠的转动惯量 J_k、联轴器的转动惯量 J_q 及 x 方向上的转动惯量 J_x。其计算如下所示。

工作台的惯性转化到电动机轴上的转动惯量 J_t

$$J_t = m\left(\frac{l}{2\pi}\right)^2 = 0.034 \text{ kgf} \cdot \text{cm} \cdot \text{s}^2$$

x 方向上滚珠丝杠的转动惯量 J_r

$$J_r = \sum 0.78 \times 10^{-6} D^4 L = 0.021 \text{ kgf} \cdot \text{cm} \cdot \text{s}^2$$

联轴器的转动惯量 J_q

$$J_q = 0.78 \times 10^{-6} \times 6^4 \times 7 = 0.007 \text{ kgf} \cdot \text{cm} \cdot \text{s}^2$$

x 方向的转动惯量 J_x

$$J_x = J_t + J_r + J_q = 0.062 \text{ kgf} \cdot \text{cm} \cdot \text{s}^2$$

式中：m——a 工作台及工件的最大质量（kgf $\cdot$ cm^{-1} $\cdot$ s^2）；

$$m = \frac{500+800}{980} \text{ kgf} \cdot \text{cm}^{-1} \cdot \text{s}^2 = 1.33 \text{ kgf} \cdot \text{cm}^{-1} \cdot \text{s}^2;$$

l——电动机每转一圈工作台沿 x 方向上移动的距离（cm），$l = 1$ cm；

D——各圆柱的直径（cm）；

L——各圆柱的长度（cm）。

（4）x 方向上的固有频率 ω_x。

$$\omega_x = \frac{1}{2}\pi \sqrt{M_{ex}/J_x} \text{ Hz} = \frac{1}{2 \times 3.14}\sqrt{\frac{1.15 \times 10^5}{0.062}} \text{ Hz} = 217 \text{ Hz}$$

式中：J_x——x 方向上的转动惯量（kgf $\cdot$ cm $\cdot$ s^2）；

M_{ex}——当工作台固定不动时，丝杠产生一弧度变形所需的力矩（kgf $\cdot$ cm）。

现以丝杠螺母位于离电动机轴最远的一极限位置计算 M_{ex}，即以滚珠丝杠中 $\Phi25$ 至 $\Phi40$ 末端扭转变形 1 rad 时，计算

$$M_{ex} = \frac{\varphi}{\sum \dfrac{L}{GJ_n}} = \frac{8 \times 10^5}{\dfrac{1}{0.1}\left(\dfrac{3.2}{2.5^4} + \dfrac{8.9}{3^4} + \dfrac{100.9}{4^4} + \dfrac{8.9}{3^4}\right)} \text{ kgf} \cdot \text{cm}$$

$$= 1.15 \times 10^4 \text{ kgf} \cdot \text{cm}$$

式中：φ——扭转角（rad），$\varphi = 1$ rad；

L——各直径轴长度（cm）；

G——剪切弹性模量，对于钢，取 8×10^5 kgf/cm；

J_n——截面极惯性矩，对于圆轴，$J_n = 0.1D^4$；

式中：D——各轴直径（cm）。

（5）x 方向上位置环增益 K_s 和速度环增益 K_v 的确定。

根据 x 方向的固有频率和伺服电动机特性，选取 x 方向位置环增益 $K_s = 33$ Hz，速度环增益 $K_v = 3K_s = 99$ Hz。

（6）x 方向上的加速力矩　x 方向上的加速力矩应包括直线加速时的加速力矩 $M_{ax直}$、阶跃加速时的加速力矩 $M_{ax阶}$ 及在切削过程中速度突然变至 5 000

mm/min 时的加速力矩 $M_{ax突}$。其计算如下所示。

直线加速时的加速力矩 $M_{ax直}$

$$M_{ax直} = \frac{v_m}{60} \cdot 2\pi \cdot \frac{1}{t_{a_1}}(J_m + J_x)(1 - e^{-K_s \cdot t_{a_1}}) = 135.63 \text{ kgf} \cdot \text{cm}$$

阶跃加速时的加速力矩 $M_{ax阶}$

$$M_{ax阶} = \frac{v_m}{60} \cdot 2\pi \cdot \frac{1}{t_{a_2}}(J_m + J_x) = 519.15 \text{ kgf} \cdot \text{cm}$$

在切削过程中速度突然变至 5 000 mm/min 时的加速力矩 $M_{ax突}$

$$M_{ax突} = \frac{v_{x突}}{60} \cdot 2\pi \cdot \frac{1}{t_{a_3}}(J_m + J_x) = 256.98 \text{ kgf} \cdot \text{cm}$$

式中：v_m——工作台快速移动时，电动机的最高转速(r/min)，取 $v_m = 1\ 200$ r/min；

t_{a_1}——加速时间(s)，直线加速时，取 $t_{a_1} = 3T = \dfrac{3}{K_s} = \dfrac{3}{33}$ s $= 0.09$ s；

J_m——电动机转子惯量(kgf $\cdot$ cm $\cdot$ s^2)，$J_m = 0.006\ 2$ kg $\cdot$ m$^2 = 0.006\ 2 \times \dfrac{10^4}{980} = 0.062$ kgf $\cdot$ cm $\cdot$ s^2；

J_x——x 方向上的转动惯量(kgf $\cdot$ cm $\cdot$ s^2)，$J_x = 0.062$ kgf $\cdot$ cm $\cdot$ s^2；

K_s——位置环增益(Hz)，取 $K_s = 33$ Hz；

t_{a_2}——加速时间(s)，阶跃加速时，$t_{a_2} = T = \dfrac{1}{K_s} = \dfrac{1}{33}$ s $= 0.03$ s；

$v_{x突}$——在切削过程中，工作台速度突然变至 5 000 mm/min 时，电动机的转速(r/min)，$v_{x突} = \dfrac{5\ 000}{10}$ r/min $= 500$ r/min；

t_{a_3}——加速时间(s)，此时取 $t_{a_3} = \dfrac{1}{K_v} = \dfrac{1}{99}$ s；

式中：K_v——速度环增益(Hz)，$K_v = 99$ Hz。

（7）x 方向上拖动电动机轴上所需的力矩　x 方向上拖动电动机轴上所需的力矩应包括工作台快速空载启动所需力矩 $M_{x启}$、最大切削负载时所需力矩 $M_{x切}$ 及切削进给时所需力矩 $M_{x进}$。其计算如下所示。

工作台快速空载启动所需力矩 $M_{x启}$

$M_{x启} = M_{ax阶} + M_{x0} + M_{0x} = (519.15 + 12 + 4.45) \text{ kgf} \cdot \text{cm} = 535.6 \text{ kgf} \cdot \text{cm}$

最大切削负载时所需力矩 $M_{x切}$

$M_{x切} = M_{ax突} + M_{x0} + M_{0x} = (256.98 + 70.16 + 4.45) \text{ kgf} \cdot \text{cm} = 331.59 \text{ kgf} \cdot \text{cm}$

切削进给时所需力矩 $M_{x进}$

$M_{x进} = M_{x0} + M_{0x} = (70.16 + 4.45) \text{ kgf} \cdot \text{cm} = 74.61 \text{ kgf} \cdot \text{cm}$

2）y 方向拖动电机轴上所需驱动力矩的计算

（1）y 方向上负载力矩　y 方向上负载力矩应包括 y 方向上切削时的负载

力 $F_{\mathrm{L}y}$、y 方向上不切削时的负载力 $F_{\mathrm{L}y0}$、y 方向上切削时的负载力矩 M_y 及 y 方向上不切削时的负载力矩 M_{y0}。其计算如下所示。

y 方向上切削时的负载力 $F_{\mathrm{L}y}$

$$F_{\mathrm{L}y} = F_{cy} + u\left(\frac{W}{2} + f_{\mathrm{g}} + \frac{M}{R}\right) = 703.54 \text{ kgf}$$

y 方向上不切削时的负载力 $F_{\mathrm{L}y0}$

$$F_{\mathrm{L}y0} = u\left(\frac{W}{z} + f_{\mathrm{g}}\right) = 36 \text{ kgf}$$

y 方向上切削时的负载力矩 M_y

$$M_y = \frac{F_{\mathrm{L}y}l}{2\pi\eta} = 131.8 \text{ kgf} \cdot \text{cm}$$

y 方向上不切削时的负载力矩 M_{y0}

$$M_{y0} = \frac{F_{\mathrm{L}y0}l}{2\pi\eta} = 6.74 \text{ kgf} \cdot \text{cm}$$

式中：F_{cy}——y 方向上的切削分力（kgf），$F_{cy}=667.5$ kgf；

$\quad\quad u$——导轨摩擦系数；$u=0.04$；

$\quad\quad f_{\mathrm{g}}$——镶条压紧力（kgf）；取 $f_{\mathrm{g}}=300$ kgf；

$\quad\quad W$——主轴箱重量与平衡油缸产生的平衡力之和，$W=1\,200$ kgf；

$\quad\quad M$——主轴的切削扭矩（kgf·m），取 $M=980$ N·m$=\dfrac{980}{9.8}\times100$ kg·cm$=$

100 kg·m；

$\quad\quad R$——刀具半径（cm），$R=120$ cm；

$\quad\quad F_{\mathrm{L}y}$——$y$ 方向的轴向负载（kgf），$F_{\mathrm{L}y}=703.54$ kgf；

$\quad\quad l$——电动机每转一圈，工作台沿 y 方向的移动距离（cm）；

$\quad\quad \eta$——传动链的总效率，取 $\eta=0.85$。

（2）由滚珠丝杠预紧引起的附加摩擦力矩 M_{0y}。

$$M_{0y} = \frac{P_0 S}{2\pi\eta}(1-\eta_0^2) = \frac{234.51\times1}{2\times3.14\times0.85}(1-0.9^2) \text{ kgf}\cdot\text{cm} = 8.35 \text{ kgf}\cdot\text{cm}$$

式中：P_0——滚珠丝杠预加载荷（kgf），$P_0=234.51$ kgf；

$\quad\quad S$——丝杠导程（cm），$S=1$ cm；

$\quad\quad \eta$——传动链的总效率，取 $\eta=0.85$；

$\quad\quad \eta_0$——滚珠丝杠未预紧时的效率，$\eta_0=0.90$。

（3）y 方向上的转动惯量 y 方向上的转动惯量应包括主轴箱重力和平衡油缸产生的平衡力转化到电动机轴上的转动惯量 J_{t}、y 方向上滚珠丝杠副的转动惯量 J_{r}、联轴器的转动惯量 J_{q} 及 y 方向上的转动惯量 J_y。其计算如下所示。

主轴箱重力和平衡油缸产生的平衡力转化到电动机轴上的转动惯量 J_{t}

$$J_{\mathrm{t}} = m\left(\frac{v}{\omega}\right)^2 = m\left(\frac{nl}{2\pi n}\right)^2 = m\left(\frac{l}{2\pi}\right)^2 = 0.031 \text{ kgf}\cdot\text{cm}\cdot\text{s}^2$$

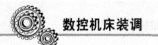

y 方向上滚珠丝杠的转动惯量 J_r

$$J_r = \sum 0.78 \times 10^{-6} D^4 L = 0.032 \text{ kgf} \cdot \text{cm} \cdot \text{s}^2$$

联轴器的转动惯量 J_q

$$J_q = 0.007 \text{ kgf} \cdot \text{cm} \cdot \text{s}^2$$

y 方向的转动惯量 J_y

$$J_y = J_t + J_r + J_q = 0.07 \text{ kgf} \cdot \text{cm} \cdot \text{s}^2$$

式中：m——主轴箱及平衡质量总计（$\text{kgf} \cdot \text{cm}^{-1} \cdot \text{s}^2$），$m = \dfrac{W}{980} = \dfrac{1\,200}{980}$ kgf · $\text{cm}^{-1} \cdot \text{s} = 1.22 \text{ kgf} \cdot \text{cm}^{-1} \cdot \text{s}^2$；

l——电动机轴每转一圈主轴箱沿 y 方向移动的距离（cm），$l = 1$ cm；

n——电动机轴或丝杠的转速（r/min）；

ω——电动机轴或丝杠的角速度（rad/min）；

D——各圆柱直径（cm）；

L——各圆柱长度（cm）。

（4）y 方向上的固有频率　其计算式为

$$W_y = \frac{1}{2\pi} \sqrt{\frac{M_{ey}}{J_y}} = \frac{1}{2\pi} \sqrt{\frac{0.82 \times 10^5}{0.07}} \text{ Hz} = 172.34 \text{ Hz}$$

式中：J_y——y 方向上的转动惯量（$\text{kgf} \cdot \text{cm} \cdot \text{s}^2$）；

M_{ey}——当主轴箱固定不动，丝杠产生一弧度变形所需的力矩（$\text{kgf} \cdot \text{cm}$），现以丝杠螺母位于离电动机最远端的一极限位置计算 M_{ey}，即滚珠丝杠中 $\Phi25$ 至 $\Phi40$ 末端的变形为 1 rad 时，计算

$$M_{ey} = \frac{\varphi}{\sum \dfrac{L}{GJ_n}} \text{ kgf} \cdot \text{cm} = \frac{8 \times 10^5}{\dfrac{1}{0.1}\left(\dfrac{10.2}{3^4} + \dfrac{155.1}{4^4} + \dfrac{8.9}{3^4} + \dfrac{5.2}{2.5^4}\right)} \text{ kgf} \cdot \text{cm}$$

$$= 0.82 \times 10^5 \text{ kgf} \cdot \text{cm}$$

式中：φ——扭转角（rad），$\varphi = 1$ rad；

L——各直径轴长度（cm）；

G——剪切弹性模量，对于钢，取 8×10^5 kgf/cm；

J_n——截面极惯性矩，对于圆轴，$J_n = 0.1 D^4$；

式中：D——各轴直径（cm）。

（5）y 方向上的位置环增益 K_s 和速度环增益 K_v　根据 y 方向上的固有频率 W_y 和伺服电动机的特性，选取 y 方向位置环增益 $K_s = 33$ Hz，速度环增益 $K_v = 3K_s = 99$ Hz。

（6）y 方向上的加速力矩　y 方向上的加速力矩应包括直线加速时的加速力矩 $M_{ay直}$、阶跃加速时的加速力矩 $M_{ay阶}$ 及在切削过程中速度突然变至 2 000 mm/min 的加速力矩 $M_{ay突}$。其计算如下所示。

直线加速时的加速力矩 $M_{ay直}$

$$M_{ay直} = \frac{v_m}{60} \cdot 2\pi \cdot \frac{1}{t_{a_1}}(J_m + J_z)(1 - e^{-K_s t_{a_1}}) = 251.9 \ \text{kgf} \cdot \text{cm}$$

阶跃加速时的加速力矩 $M_{ay阶}$

$$M_{ay阶} = \frac{v_m}{60} \cdot 2\pi \cdot \frac{1}{t_{a_2}}(J_m + J_y) = 795.47 \ \text{kgf} \cdot \text{cm}$$

在切削过程中速度突然变至 2 000 mm/min 的加速力矩 $M_{ay突}$

$$M_{ay突} = \frac{v_{x突}}{60} \cdot 2\pi \cdot \frac{1}{t_{a_3}}(J_m + J_x) = 393.76 \ \text{kgf} \cdot \text{cm}$$

式中：v_m——主轴箱快速移动时，电动机的最高转速（r/min），$v_m = 1\ 200$ r/min；

t_{a_1}——加速时间（s），对于直线加速，取 $t_{a_1} = 3T = \dfrac{3}{K_s} = \dfrac{3}{33}$ s $= 0.09$ s；

J_m——电动机转子惯量（kgf $\cdot$ cm $\cdot$ s^2），该机床 y 方向的电动机为 FANUCαC22/1500 型，$J_m = 0.12$ kgf $\cdot$ cm $\cdot$ s^2；

J_y——y 方向上的转动惯量（kgf $\cdot$ cm $\cdot$ s^2），$J_y = 0.07$ kgf $\cdot$ cm $\cdot$ s^2；

K_s——位置环增益（Hz），$K_s = 3$ Hz；

t_{a_2}——加速时间（s），对于阶跃加速取 $t_{a_2} = \dfrac{1}{K_s} = \dfrac{1}{33} = 0.03$ s；

$v_{y突}$——主轴箱速度突然变至 2 000 mm/min 时，电动机的转速（r/min），

$v_{y突} = \dfrac{2\ 000}{10}$ r/min $= 200$ r/min；

t_{a_3}——加速时间（s），此时取 $t_{a_3} = \dfrac{1}{K_v} = \dfrac{1}{99}$；

K_v——y 方向速度环增益（Hz），$K_v = 99$ Hz。

（7）y 方向上拖动电动机轴上所需的力矩　y 方向上拖动电动机轴上所需的力矩应包括快速空载启动所需的力矩 $M_{y启}$、切削负载最大时所需力矩 $M_{y切}$ 及切削进给时所需力矩 $M_{y进}$。其计算如下所示。

快速空载启动所需的力矩 $M_{y启}$

$$M_{y启} = M_{ay阶} + M_{y0} + M_{0y} = 810.56 \ \text{kgf} \cdot \text{cm}$$

切削负载最大时所需力矩 $M_{y切}$

$$M_{y切} = M_{ay突} + M_{y0} + M_{0y} = 533.91 \ \text{kgf} \cdot \text{cm}$$

切削进给时所需力矩 $M_{y进}$

$$M_{y进} = M_{y0} + M_{0y} = 140.15 \ \text{kgf} \cdot \text{cm}$$

3）z 方向上拖动电动机轴上所需驱动力矩的计算

（1）z 方向上负载力矩　z 方向上负载力矩应包括 z 方向切削时的负载力 F_{Lz}、z 方向不切削时的负载力 F_{Lz0}、z 方向切削时的负载力矩 M_z 及 z 方向不切削时的负载力矩（即摩擦力矩）M_{z0}。其计算如下所示。

z 方向切削时的负载力 $F_{\mathrm{L}z}$

$$F_{\mathrm{L}z} = F_{\mathrm{c}z} + u(W + f_{\mathrm{g}} + F_{\mathrm{c}f} + F_{\mathrm{c}y}) = 511.2 \text{ kgf}$$

z 方向不切削时的负载力 $F_{\mathrm{L}z0}$

$$F_{\mathrm{L}z0} = u(W + f_{\mathrm{g}}) = 84 \text{ kgf}$$

z 方向切削时的负载力矩 M_z

$$M_z = \frac{F_{\mathrm{L}z}l}{2\pi\eta} = \frac{511.2 \times 1}{2 \times 3.14 \times 0.85} \text{ kgf} \cdot \text{cm} = 95.77 \text{ kgf} \cdot \text{cm}$$

z 方向不切削时的负载力矩（即摩擦力矩）M_{z0}

$$M_{z0} = \frac{F_{\mathrm{L}z0}l}{2\pi\eta} = 15.74 \text{ kgf} \cdot \text{cm}$$

式中：$F_{\mathrm{c}z}$——z 方向上的切削分力（kgf），$F_{\mathrm{c}z} = 3\,787.21 \text{ N} = 386.45 \text{ kgf}$；

u——导轨摩擦系数，取 $u = 0.04$；

f_{g}——镶条压紧力（kgf），$f_{\mathrm{g}} = 300 \text{ kgf}$；

$F_{\mathrm{c}f}$——由主切削力引起的工作台的附加阻力（kgf），$F_{\mathrm{c}f} = \frac{1}{2}F_{\mathrm{t}} = \frac{1}{2} \times$

$6\,885.83 \text{ N} = 351.32 \text{ kgf}$；

$F_{\mathrm{c}y}$——y 方向的切削分力（kgf），$F_{\mathrm{c}y} = 6\,541.54 \text{ N} = 667.5 \text{ kgf}$；

W——工作台、滑鞍和工件的重量（kgf），$W = 1\,800 \text{ kgf}$；

$F_{\mathrm{L}z}$——z 方向的轴向负载（kgf）；$F_{\mathrm{L}z} = 511.2 \text{ kgf}$；

l——电动机每转一圈工作台沿 z 方向的移动距离（cm），$l = 1 \text{ cm}$；

η——传动链的总效率，取 $\eta = 0.85$。

（2）由滚珠丝杠预紧引起的附加摩擦力矩 M_{0z}。

$$M_{0z} = \frac{P_0 S}{2\pi\eta}(1 - \eta_0^2) \text{ kgf} \cdot \text{cm} = \left[\frac{170.4 \times 1}{2 \times 3.14 \times 0.85} - (1 - 0.9^2)\right] \text{ kgf} \cdot \text{cm}$$

$$= 6.07 \text{ kgf} \cdot \text{cm}$$

式中：P_0——滚珠丝杠预加载荷（kgf），$P_0 = 170.4 \text{ kgf}$；

S——丝杠导程（cm），$S = 1 \text{ cm}$；

η——传动链的总效率，取 $\eta = 0.85$；

η_0——滚珠丝杠未预紧时的效率，$\eta_0 = 0.90$。

（3）z 方向上的转动惯量　z 方向上的转动惯量 J_z 应包括工作台的惯性转化到电动机轴上的转动惯量 J_{t}、z 方向滚珠丝杠的转动惯量 J_{r}、联轴器的转动惯量 J_{q}。其计算如下所示。

工作台的惯性转化到电动机轴上的转动惯量 J_{t}

$$J_{\mathrm{t}} = m\left(\frac{v}{\omega}\right)^2 = m\left(\frac{nl}{2\pi n}\right)^2 = m\left(\frac{l}{2\pi}\right)^2 = 0.047 \text{ kgf} \cdot \text{cm} \cdot \text{s}^2$$

z 方向上滚珠丝杠的转动惯量 J_{r}

$$J_{\mathrm{r}} = \sum 0.78 \times 10^{-6} D^4 L = 0.014 \text{ kgf} \cdot \text{cm} \cdot \text{s}^2$$

联轴器的转动惯量 J_q

$$J_q = 0.007 \text{ kgf} \cdot \text{cm} \cdot \text{s}^2$$

z 方向上的转动惯量 J_z

$$J_z = J_t + J_r + J_q = 0.068 \text{ kgf} \cdot \text{cm} \cdot \text{s}^2$$

式中：m——工作台及工件的最大质量（$\text{kgf} \cdot \text{cm}^{-1} \cdot \text{s}^2$），$m = \dfrac{W}{980} = \dfrac{1800}{980}$ kgf ·

$\text{cm}^{-1} \cdot \text{s}^2 = 1.84 \text{ kgf} \cdot \text{cm}^{-1} \cdot \text{s}^2$；

$\quad\quad l$——电动机轴每转一圈工作台沿 z 方向移动的距离（cm），$l = 1$ cm；

$\quad\quad n$——电动机轴及丝杠的转速（r/min）；

$\quad\quad \omega$——电动机轴及丝杠的角速度（rad/min）；

$\quad\quad D$——各轴直径（cm）；

$\quad\quad L$——各轴长度（cm）。

（4）z 方向上的固有频率 W_z　其计算式为

$$W_z = \frac{1}{2\pi}\sqrt{\frac{M_{ez}}{J_z}} \text{ Hz} = \frac{1}{2\pi}\sqrt{\frac{1.64 \times 10^5}{0.068}} = 247.3 \text{ Hz}$$

式中：J_z——z 方向的转动惯量（$\text{kgf} \cdot \text{cm} \cdot \text{s}^2$）；

$\quad\quad M_{ez}$——当工作台固定不动时，丝杠产生 1 rad 变形所需的力矩（$\text{kgf} \cdot \text{cm}$）。

现以丝杠螺母位于离电动机最远端的一极限位置计算 M_{ez}，即滚珠丝杠 $\Phi25$ 至 $\Phi40$ 末端的变形为 1 rad 时，有

$$M_{ez} = \frac{\varphi}{\sum \dfrac{L}{GJ_n}} \text{ kgf} \cdot \text{cm} = \frac{1}{\dfrac{1}{0.1}\left(\dfrac{5.2}{2.5^4} + \dfrac{8.9}{3^4} + \dfrac{62.9}{4^4}\right)} \text{ kgf} \cdot \text{cm}$$

$$= 1.64 \times 10^5 \text{ kgf} \cdot \text{cm}$$

式中：φ——扭转角（rad），$\varphi = 1$ rad；

$\quad\quad L$——各轴长度（cm）；

$\quad\quad G$——剪切弹性模量，对于钢，取 8×10^5 kgf/cm；

$\quad\quad J_n$——截面极惯性矩，对于圆轴，$J_n = 0.1 D^4$；

$\quad\quad D$——各轴直径（cm）。

（5）z 方向上的位置环增益 K_s 和速度环增益 K_v 的确定。

根据 z 方向上的固有频率和伺服电动机的特性，选取 z 方向上的位置环增益 $K_s = 33$ Hz，速度环增益 $K_v = 3K_s = 99$ Hz。

（6）z 方向上的加速力矩　z 方向上的加速力矩应包括直线加速时的加速力矩 $M_{az直}$、阶跃加速时的加速力矩 $M_{az阶}$ 及在切削过程中速度突然变至 2 000 mm/min 的加速力矩 $M_{az突}$。其计算如下所示。

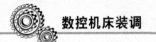

直线加速时的加速力矩 $M_{az直}$

$$M_{az直} = \frac{v_m}{60} \cdot 2\pi \cdot \frac{1}{t_{a_1}} (J_m + J_z)(1 - e^{-K_s t_{a_1}}) = 172 \text{ kgf} \cdot \text{cm}$$

阶跃加速时的加速力矩 $M_{az阶}$

$$M_{az阶} = \frac{v_m}{60} \cdot 2\pi \cdot \frac{1}{t_{a_2}} (J_m + J_z) = 538.82 \text{ kgf} \cdot \text{cm}$$

在切削过程中速度突然变至 2 000 mm/min 的加速力矩 $M_{az突}$

$$M_{az突} = \frac{v_{z突}}{60} \cdot 2\pi \cdot \frac{1}{t_{a_3}} (J_m + J_z) = 269.41 \text{ kgf} \cdot \text{cm}$$

式中：V_m——工作台快速移动时电动机的最高转速(r/min)，$v_m = 1\ 200$ r/min；

t_{a_1}——加速时间(s)，对于直线加速，取 $t_{a_1} = 3T = \frac{3}{K_s} = \frac{3}{33}$ s $= 0.09$ s；

J_m——电动机转子惯量(kgf·cm·s²)，$J_m = 0.062$ kgf·cm·s²；

J_z——z 方向的转动惯量(kgf·cm·s²)，$J_z = 0.068$ kgf·cm·s²；

K_s——位置环增益(Hz)，$K_s = 33$ Hz；

K_v——速度环增益(Hz)，$K_v = 99$ Hz；

t_{a_2}——加速时间(s)，对于阶跃加速，取 $t_{a_2} = T = \frac{1}{K_s} = \frac{1}{33}$ s $= 0.03$ s；

$v_{z突}$——主轴箱速度突然变至 2 000 mm/min 时电动机的转速(r/min)，$v_{z突}$
$= \frac{2\ 000}{10}$ r/min $= 200$ r/min；

t_{a_3}——加速时间(s)，此时取 $t_{a_3} = \frac{1}{K_v} = \frac{1}{99}$ s。

(7) z 方向上拖动电动机轴上所需的力矩　z 方向上拖动电动机轴上所需的力矩应包括快速空载启动所需的力矩 $M_{z启}$、最大切削负载时所需力矩 $M_{z切}$ 及切削进时所需力矩 $M_{z进}$。其计算如下所示。

快速空载启动所需的力矩 $M_{z启}$

$$M_{z启} = M_{az阶} + M_{z0} + M_{0z} = 560.63 \text{ kgf} \cdot \text{cm}$$

最大切削负载时所需力矩 $M_{z切}$

$$M_{z切} = M_{az突} + M_{z0} + M_{0z} = 371.25 \text{ kgf} \cdot \text{cm}$$

切削进时所需力矩 $M_{z进}$

$$M_{z进} = M_z + M_{0z} = 101.84 \text{ kgf} \cdot \text{cm}$$

4) x、y、z 三个方向进给伺服电动机的选择及校核

(1) x、y、z 三个方向进给电动机的选择　根据以上对 x、y、z 三个方向上负载的计算，选择 FANUC αC12/2000 型交流伺服电动机作为 x 方向和 z 方向的驱动电动机，选择 FANUC αC22/1500 型交流伺服电动机作为 y 方向的驱动电动机，电动机的主要参数如表 1-1 所示。

表 1-1　αC12/2000 型和 αC22/1500 型交流伺服电动机的主要参数

	FANUCαc12/2000 型	FANUCαc22/1500 型
输出功率	1 kW	1.5 kW
额定转矩	12 N·m	22 N·m
最大速度	2 000 r/min	1 500 r/min
转动惯量	0.006 2 kg·m²	0.012 kg·m²
质量	18 kg	29 kg

（2）转动惯量匹配校核　x、y、z 三个方向上转动惯量匹配校核见表 1-2。

表 1-2　x、y、z 三个方向上转动惯量匹配校核

x 方向	y 方向	z 方向
$\dfrac{J_x}{J_m + J_x} = \dfrac{0.062}{0.062 + 0.062} = 0.5$	$\dfrac{J_y}{J_m + J_y} = \dfrac{0.12}{0.12 + 0.07} = 0.63$	$\dfrac{J_z}{J_m + J_z} = \dfrac{0.062}{0.062 + 0.047}$ $= 0.57$

而三个方向上的转动惯量匹配值均需满足

$$0.5 \leqslant \frac{J_i}{J_m + J_i} \leqslant 0.8, i = x, y, z$$

由表 1-2 可知，x、y、z 三个方向上的负载惯量均满足要求。

（3）转矩匹配校核

① 校核快速空载启动所需力矩 $M_启$（kgf·cm）。

$$M_{x启} = 535.6 \text{ kgf·cm} < M_{电max} = 960 \text{ kgf·cm}$$

$$M_{y启} = 810.56 \text{ kgf·cm} < M_{电max} = 1\,760 \text{ kgf·cm}$$

$$M_{z启} = 560.63 \text{ kgf·cm} < M_{电max} = 960 \text{ kgf·cm}$$

所以，x、y、z 三个方向的电动机分别满足其对应轴所需的启动力矩的要求。

② 切削进给时所需力矩 $M_进$（kgf·cm）。

$$M_{x进} = 74.61 \text{ kgf·cm} < M_{电额} = 120 \text{ kgf·cm}$$

$$M_{y进} = 140.15 \text{ kgf·cm} < M_{电额} = 1760 \text{ kgf·cm}$$

$$M_{z进} = 101.84 \text{ kgf·cm} < M_{电额} = 120 \text{ kgf·cm}$$

所以，x、y、z 三个方向的电动机分别满足其对应轴所需的进给切削力矩的要求。

知识点 3　进给传动链的装配与检测

1. 滚珠丝杠的装配与检测

1）简介

每台数控机床都有 2～3 个运动坐标轴。机床工作部件都是利用滚珠丝杠来传递运动的，将电动机轴的回转运动转换为直线运动（见图 1-22）。滚珠丝杠、联轴节、轴承座、螺母座的正确安装、检验校正是数控机床的重要安装工序。

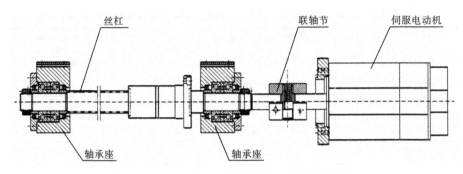

图 1-22　将电动机轴的回转运动转换为直线运动

滚珠丝杠知名生产厂家有日本 THK、BOSCH、台湾元银、南京工艺装备、汉江机床等。滚珠丝杠具有寿命长、摩擦力小、传动效率高、经预紧后刚度和精度高、响应速度快的特点。滚珠丝杠是在具有螺旋槽的丝杠螺母间装有滚珠作为中间传动元件，螺旋槽设计为双圆弧滚道，使钢球在运动中有良好的线性接触，螺母上特殊设计的返向器可使滚珠能无阻滞地循环。螺母的特殊配置能实现不同的预加负荷。滚动接触面的硬度达到 60～62HRC，传动效率可达 92%～98%。

在装配滚珠丝杠之前，首先要确定待装的机床及滚珠丝杠的型号，如机床为 TH6340，滚珠丝杠的型号为 FCDT4010-4-P3×1410/1290，表示外循环插管式、双螺母垫片预紧、导珠管埋入式的滚珠丝杠副，公称直径为 40 mm，基本导程为 10 mm，旋向为右旋，负荷钢球圈数为 4 圈，定位滚珠丝杠副，精度等级为 3 级，丝杠螺纹长度为 1 290 mm，丝杠全长为 1 410 mm。

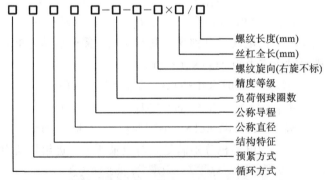

2）滚珠丝杠装配的技术要求

本例选用精密级滚珠丝杠。滚珠丝杠副螺母在安装时首先应满足以下要求：①滚珠丝杠副螺母相对于运动部件不能有轴向窜动；②螺母座孔中心应与丝杠安装轴线同心；③滚珠丝杠副中心线应在两个方向上平行于相应的导轨；④能方便地进行间隙调整、预紧和预拉伸。

安装技术要求：①基准面水平直线度≤0.02 mm/1 000 mm；②滚珠丝杠水

平面和垂直面母线与导轨平行度≤0.015 mm;③滚珠丝杠螺母端面跳动度≤
0.02 mm。

　　3）滚珠丝杠装配的实施

　　滚珠丝杠的安装和预拉伸　滚珠丝杠副结构中的两端轴承座需与螺母座调
整到三孔同心(见图1-23)。因为滚珠丝杠更主要的是传递扭矩,使转动变换为
位置运动,因此螺母座孔与螺母外圆是空套的,约有1~2 mm间隙,对同心度要
求不高。但要求螺母座端面与两端轴承座中心线垂直度误差≤0.01 mm。

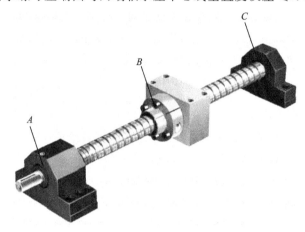

图1-23　两端轴承座与螺母座三孔同心

安装滚珠丝杠的操作步骤如下。

　　(1) 检查待装的机床部件,领出要装的滚珠丝杠副、联轴器、电动机、电动机
座、轴承座、螺母座、补正垫等零件。

　　(2) 使用油石将安装基准面的毛刺及微小变形处修平,并清洗基准面。

　　清洗滚珠丝杠副上面的防锈油,但不得使清洗油流入螺母内部;清洗其他零
件的所有安装面,使其上无油污、脏物和铁屑存在。用螺栓试配确认螺孔相互位
置准确。

　　(3) 用水平仪(0.02 mm/200 mm)分别放置在两个方向上校平电动机座、轴
承座基准面,水平误差≤0.02 mm/1 000 mm,不平时调整机床垫铁或千斤顶。

　　(4) 安装滚珠丝杠副。丝杠的安装调整分为两步:第一步是调整丝杠在垂直
平面内同直线导轨副的平行度;第二步是调整丝杠在水平面内同直线导轨副的
平行度。通过两个方向的调整最终确定丝杠的位置。为了正确安装丝杠,两个
导轨的精度事先要调整好。

　　① 调整丝杠在垂直平面内同直线导轨副的平行度。要调整丝杠同直线导轨
副平行,就要调整固定丝杠两端的轴承座的高低。丝杠和螺母组成滚珠丝杠副,
丝杠的两端通过轴承座固定在底座上,螺母通过螺母座固定在运动部件上。在
安装滚珠丝杠副时,两端的支承座孔与螺母座孔要调整到"三点同心"的最佳状

态。为了降低调整的难度,提高效率,现代的数控机床已将这一部分改进为螺母座是空套在螺母上的,只需要专注于解决两端的轴承座的高低问题,配磨补正垫片即可。具体方法是用千分表进行测量,将表座固定在导轨滑块上,将表打到丝杠外圆垂直平面内的母线位置上,推动导轨滑块观察表上数值的变化,并根据数据的变化调整、垫起两端轴承座的位置,直到调整到表的数值变化符合要求为止,两端数据的差值就是要增加或减小的数量,也就是一端要补正的量。将这个数据确定后就要先行去制作补正垫片。

② 调整丝杠在水平面内同直线导轨副的平行度。这时必须将滚珠丝杠副和两个轴承座、电动机座在床身上进行安装,补正垫片都装入,只是不定位、螺栓不拧死。这个平行度不调整好,运动部件从一端运行到另一端时,运动部件上的螺母座就会对丝杠产生水平方向上的作用力,在这种力的长时间作用下,丝杠会发热产生较大的热变形,从而影响到机床的定位精度和重复定位精度。同前,用千分表进行测量,将表座固定在导轨滑块上,将表打到丝杠外圆侧母线位置,推动导轨滑块并观察表上数值的变化,同时根据数据的变化调整轴承座的位置,直到调整到表的数值变化符合要求为止,做下标记或拧紧螺栓。

③ 检测螺母的安装肩面端面跳动若其值不大于 0.02 mm,则处于合格状态。

④ 固定轴承座电动机座。此时轴承座电动机座的尺寸位置、精度都已经调整好,可以进行固定,配钻、配铰圆锥定位销孔。在销子上涂好润滑油后打入定位销。注意配做定位销孔尺寸要适当,用手能推入销子全长的 4/5,销子敲入刚齐平时为最佳;取出销子必须使用拔销器或螺栓。

⑤ 开始安装滚珠丝杠。先安装丝杠的一端,将丝杠的轴端插入轴承座内,将轴承涂上润滑脂敲入轴承座内,直到内面轴承的外环与轴承座的内肩面紧密接触为止。然后在丝杠上安装锁紧圆螺母,锁紧圆螺母挤压轴承的内环,要使轴承的内环与丝杠的轴肩紧密接触。再安装压盖,压盖的内环要紧紧地压住轴承的外环,用螺钉紧固压盖。这时压盖的法兰边与轴承座的右侧端之间应该有小于0.03 mm 的缝隙,用 0.03 mm 的塞尺插入圆周的缝隙,如果塞尺可以塞入缝隙,应调整螺钉的松紧,不能通过调整螺钉解决的要拆下压盖对其进行配磨,直到塞尺不能塞入为止。最后安装电动机座一侧,其方法与安装轴承座侧相同,应注意的是只要用螺母和端盖将轴承的内外环全部压紧,就能获得出厂时已经调整好的预紧力。施加的预紧力的大小根据图纸的要求确定,一般中等规格机床要求的预紧力为 3 000 N。因为丝杠属于精密器件,不能有任何的磕碰,这样直接安装丝杠对于精度的调整也很麻烦,在批量生产中可以设计一套工装设备来替代、模拟丝杠副,通过这套工装找出丝杠应处的最佳位置,然后再将丝杠安装到机床上。

⑥ 对丝杠进行预拉伸(见图 1-24(a))。为补偿因工作温度升高而引起的丝杠伸长,减小工作中的弹性变形量,保证滚珠丝杠在正常使用时的定位精度和系

统刚度要求,丝杠需进行预加载荷拉伸。一方面,在丝杠制造时给出一个行程补偿值;另一方面,安装时予以拉伸。预拉伸的量可用制造厂家提供的公式计算得出。这里通过计算得出应将丝杠预拉伸长 0.03 mm。一般以 1 m 长约 0.02～0.03 mm 为预拉伸值。可以将千分表压在丝杠一端,先把丝杠另一端上的调节螺母预紧(消隙)、锁定,然后将装表一端的锁紧圆螺母用力锁紧,当表受压缩,移动 0.03 mm 时,即丝杠伸长了 0.03 mm。测量计算出调整垫需要的厚度尺寸,配磨调整垫片至尺寸要求;安装配磨好的调整垫片,并将螺母锁死,以防松动。

⑦ 在将轴承和丝杠安装完成后,对丝杠的精度再做一次检验(见图 1-24(b)、(c))。

⑧ 将联轴器和电动机连接上,松开联轴器的端头锁紧套,穿入两轴,调整合适后,扭紧锁紧螺栓使胀紧套压紧在两轴上。需要注意的是,在安装电动机轴的时候也要保证电动机轴线和丝杠轴线的同心度。

滚珠丝杠副是由专业厂家提供的合格产品,没有专用量仪和工具不允许自行拆卸。

(a) 丝杠的预拉伸　　(b) 水平面内丝杠的跳动检测　　(c) 垂直面内丝杠的跳动检测

图 1-24　滚珠丝杠的预拉伸

【注意事项】

为了提高进给系统的灵敏度、定位精度和防止爬行,必须降低数控机床进给系统的摩擦并减少静、动摩擦系数之差。因此,行程不太长的直线运动机构常用滚珠丝杠副。

滚珠丝杠副的传动效率高达 92%～98%。滚珠丝杠副的摩擦角小于 1°,因此不自锁。如果滚珠丝杠副驱动升降运动(如主轴箱或升降台的升降),则必须有制动装置。

滚珠丝杠可以消除反向间隙并施加预载,有助于提高定位精度和刚度。滚珠丝杠由专门工厂制造。滚珠丝杠副螺母的安装一般要求如下:

(1) 螺母座孔中心应与丝杠安装轴线同心;

(2) 滚珠丝杠副螺母中心线应平行于相应的导轨;

(3) 能方便地进行间隙调整、预紧和预拉伸。

滚珠丝杠副螺母的预紧是使两个螺母产生轴向位移(相离或靠近),以消除它们之间的间隙并施加预紧力,预紧的目的是消除运动间隙,提高运动精度及传

动刚度。

滚珠丝杠副的轴向间隙的消除和预紧如下所述。

轴向间隙是指丝杠和螺母无相对转动时,丝杠和螺母之间的最大轴向窜动,除了结构本身的游隙之外,还包括在施加轴向载荷之后的弹性变形所造成的窜动。

预紧消隙的方法有三种:

(1) 采用垫片调隙;

(2) 用锁紧螺母消隙;

(3) 齿差式调整。

其特点是调整方便,但不能精确调整间隙。

在安装滚珠丝杠副时应注意以下事项。

(1) 滚珠丝杠副仅用于承受轴向负荷,径向力、弯矩会使滚珠丝杠副产生附加表面接触应力等,从而可能造成丝杠的永久性损坏。

(2) 滚珠丝杠安装到机床时,不能把螺母从丝杠轴上卸下来。如果必须卸下来,要使用辅助套,否则装卸时滚珠有可能脱落。

装卸螺母时应注意以下几点:

(1) 辅助套外径应小于丝杠底径 0.1～0.2 mm;

(2) 辅助套在使用中必须靠紧丝杠螺纹和轴肩;

(3) 卸装时,不可使用过大力以免螺母损坏;

(4) 装入安装孔时要避免撞击和偏心。

2. 直线导轨的装配与检测

1) 简介

每台数控机床都有 2～3 个运动坐标轴,而机床工作部件都是利用控制轴在指定的导轨上运动的。运动部件都是依靠导轨来实现正确的支承和运动导向的。导轨为承载体提供光滑的运动表面,将机床切削所产生的力传到地基或床身上。导轨有多种结构形式的,如滚动导轨、滑动导轨等。近年来,随着科技进步,直线导轨的使用量大幅度增加。直线导轨的正确安装、检验校正是数控机床的一个重要安装工序。

直线导轨的知名生产厂家有日本 THK、BOSCH、台湾元银、南京工艺装备、汉江机床等。直线导轨具有寿命长、机械能耗小、承受负载大和精度高、响应速度快的特点,由导轨和带有滚珠的滑块组成,导轨两侧和滑块内侧都平行延伸着四条弧形滚道,使钢球在运动中有良好的线性接触,滑块两侧特殊设计的返向器可使滚珠无阻滞地循环。钢球的过盈配置能实现不同的预加负荷。滚动接触面的硬度达 58～64HRC。

这里以 TH6340 型交换台卧式加工中心、HJG-DA45A(参数 B2H3×750×3)型导轨为例介绍直线导轨的装配与检测。

2) 直线导轨装配的技术要求

HJG-DA45A 型导轨为精密级导轨,同一副导轨中有一根是基准导轨,在产品标识上有特殊标记(见图 1-25)。

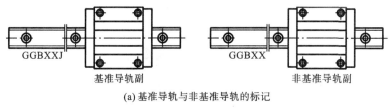

(a) 基准导轨与非基准导轨的标记

基准侧面(磨光面)
标记槽或"J"字样
基准侧面
基准导轨副

(b) 基准导轨的横剖面示意图

图 1-25 基准导轨与非基准导轨及其安装

安装导轨时要保证运行平行度与综合精度的要求。对基准导轨的安装测量方法如图 1-26 所示,非基准导轨的安装测量方法如图 1-27 所示。运行平行度(μm)是指用螺栓将导轨紧固到基准平面上,导轨处于紧固状态,使滑块沿行程全长运动时,导轨与滑块基准平面之间的平行度误差。

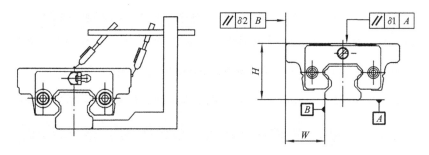

图 1-26 基准导轨的安装测量方法

综合精度(μm)指标有两个。

① 高度 H 的同组变动量,是指在同一平面上组装的各个滑块所形成 H 值的最大尺寸与最小尺寸之差。

② 宽度 W 的同组变动量,是指在一根导轨上组装的各个滑块所形成 W 值的最大尺寸与最小尺寸之差。

3) 直线导轨的装配与检测实施

(1) 检查待装的机床部件,领出要装的直线导轨副,区分出基准导轨和普通

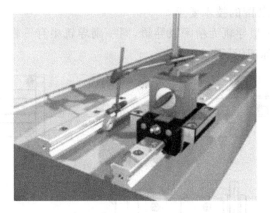

图 1-27　非基准导轨的安装测量方法

导轨，并辨识基准面（导轨和滑块侧面上有小圆弧或有文字标识的面为基准面）。

（2）使用油石将安装基准面的毛刺及微小变形处修平，并清洗导轨基准面。

清洗导轨上面的防锈油，所有安装面不得有油污、脏物和铁屑存在。用螺栓试配确认螺孔相互位置准确（见图 1-28）。

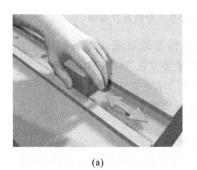
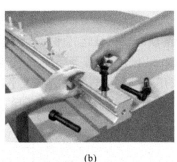

(a)　　　　　　　　　　　　　(b)

图 1-28　用螺栓试配确认螺孔相互位置

（3）用水平仪（0.02 mm/200 mm）进行基准面水平校平，水泡不得超过半格（0.02 mm/1 000 mm），不平时调整机床垫铁或千斤顶；将平尺在一基准面上垫平，将磁力表座、千分表吸在垫块上，放在另一基准面上平稳滑动，测基准面的直线度误差≤0.02 mm，测量时不能移动平尺；用同样方法换测另一基准面。除要求两基准面的误差分别合格外，还应要求误差方向趋于一致，否则要返修。用同样的方法测量侧基面内的平行度误差，其值应不大于 0.015 mm，超过时要修整基准面，直至合格为止。

（4）压紧导轨。图 1-29 所示为最常用的压紧结构。

压板工作平面用沉割隔成两块，使用时只要根据零件尺寸的实际情况修整任何一平面，使压板能牢固地将导轨或滑块压紧即可。如不采用压紧装置，为保证导轨的直线度达到制造时的精度，必须用图 1-30 所示的工具或别的辅助工具使导轨的基准面与相配件的基准面正确吻合,否则将影响运动的灵活性。

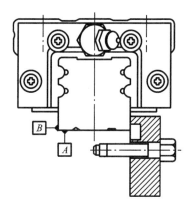

图 1-29　常用的压板安装

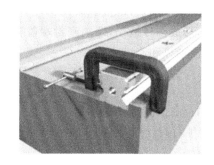

图 1-30　利用辅助工具压紧基准导轨面

(5) 将导轨基准面对准安装基准面,用螺钉预紧固(见图 1-31),拧紧力不要太大。使导轨底面和侧基准面完全和安装面紧密贴合(见图 1-32)。

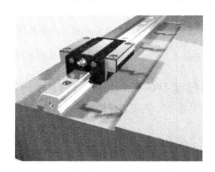

图 1-31　设置导轨的基准侧面与安装
台阶的基准侧面相对

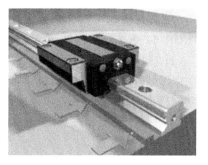

图 1-32　预紧固,使导轨基准侧面与
安装台阶侧面紧密相接

(6) 完成上述工作后,从中间开始按交叉顺序向两端逐步拧紧所有螺钉,最后拧紧螺钉时必须使用定扭矩扳手,其调定扭矩参照厂商提供数据或依据国家标准进行。然后进行精度检验和另一根导轨的安装。

(7) 精度检验依照图 1-26、图 1-27 所示进行,如不合格要松开紧固螺栓,进行调整返修,直至合格为止。

(8) 调整返修的手段方法包括铲刮基准面,用砂皮、油石修正基准面,加补正压板,以及增加补偿垫片。

(9) 检测验收,按精度检验标准进行自检合格,请检查员复检合格方可完工入库。检验时要求表座吸合稳固,移动平滑顺畅,千分表吃表不宜超过 20~30 格。

(10) 对机床安装基准面的要求:基准面水平校平,水泡不得超过半格;水平面内平面度误差≤0.04 mm;侧基面内平面度误差≤0.015 mm;安装后运行平行度误差≤0.010 mm;安装后普通导轨对基准导轨的运行平行度误差≤0.015 mm。

【注意事项】

直线导轨采用四列圆弧接触型,其具有摩擦系数小、自调整性高等特点。

导轨和滑块采用优质合金钢制成,经过磨削后,中间装入滚动体,且用钢制保持架加以固定,以便拆装时滚动体不致散落。用合成树脂返向器导引滚动体返向,形成循环运动,两端密封端盖和刮片防止灰尘、异物进入,并设计有利于润滑的注油杯和流道。

实训项目 进给传动链的装配与检测

1. 操作仪器与设备

(1) 滚珠丝杠副一套。

(2) 滚动导轨副一套。

(3) 贴塑导轨模型一副,塑料带(50 mm×100 mm)一条。

(4) 消除间隙双片齿轮装置一套。

(5) 变齿厚蜗杆蜗轮一副(或变齿厚蜗杆一件)。

(6) 联轴器(无间隙传动)一套。

(7) 同步齿形带及带轮一套。

(8) 60°角接触滚珠轴承一个。

(9) 机床床身一个,滑鞍一个。

(10) 通用工具:①活动扳手两个;②木柄螺丝刀两个;③内六角扳手一套;④紫铜棒或木手锤一个;⑤齿厚卡尺一个。

(11) 减速器一部。

2. 实际操作

(1) 拆装并测绘一种滚珠丝杠副,掌握其工作原理及结构特点和精度要求。

(2) 拆装并测绘一种滚动导轨副,掌握其工作原理及结构特点和精度要求。

(3) 测绘贴塑导轨的外形及其结构。

(4) 测绘一种消除齿轮传动间隙的结构。

(5) 测绘一种消除齿轮齿条传动间隙的结构。

(6) 拆装并测绘一种无间隙传动的联轴器,掌握它的工作原理。

(7) 了解同步齿形带及其带轮的结构。

(8) 了解主轴和滚珠丝杠用的角接触轴承,掌握其受力和定位特点。

3. 操作内容

(1) 对滚珠丝杠副进行预紧并做精度检测。

(2) 对滑动导轨副进行预紧并做精度检测。

(3) 根据图 1-33 所示,试分析数控铣床床身的几何要素、制造要素、装配要素及运动要素。

(4) 根据图 1-34 所示,试分析数控铣床立柱的几何要素、制造要素、装配要素及运动要素。

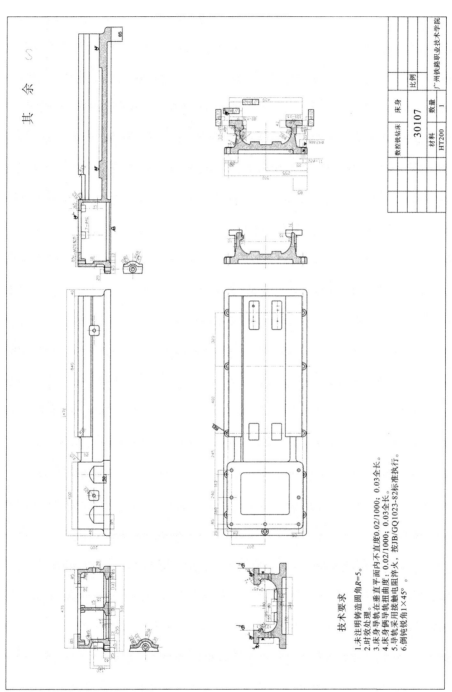

技术要求
1.未注明铸造圆角R=5。
2.时效处理。
3.床身导轨在垂直平面内不直度0.02/1000；0.03全长。
4.床身侧导轨扭曲度：0.02/1000；0.03全长。
5.导轨面采用接触电阻淬火，按JB/GQ1023-82标准执行。
6.倒钝锐角1×45°。

图1-33　机床床身(底座)三视图

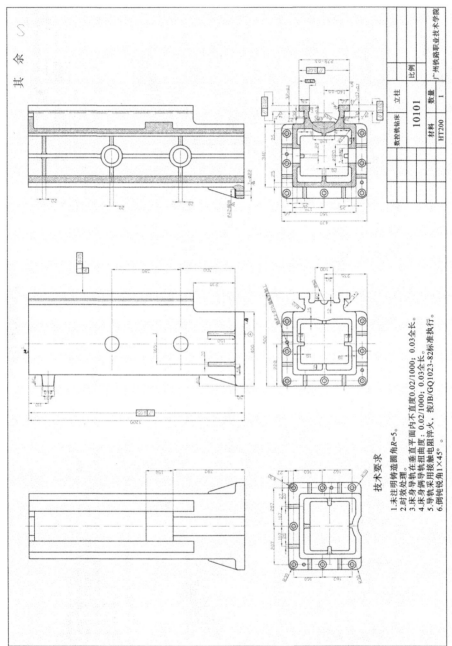

技术要求
1. 未注明铸造圆角 $R=5$。
2. 时效处理。
3. 床身导轨在垂直平面内不直度0.02/1000；0.03全长。
4. 床身两导轨扭曲曲度：0.02/1000；0.03全长。
5. 导轨采用接触电阻淬火，按JB/GQ1023-82标准执行。
6. 倒钝锐角1×45°。

图 1-34 机床立柱三视图

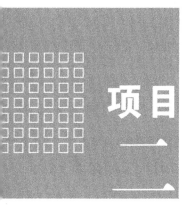

项目二

主传动机械装调

任务 1　项目教学单元设计

【学习目标】

（1）会选用典型零部件进行数控机床主轴箱的装配与调整。

（2）运用工量夹具对主轴进行静态和动态精度检测。

（3）能对主轴关键零部件进行计算与校核。

（4）了解电主轴的工作原理及其特性。

（5）了解主轴动平衡的测试原理。

【教学内容】

数控机床主轴传动部件和支承部件的装配与调整，主轴的装配精度检测与调整。

任务 2　项目内容设计

知识点 1　主轴传动功能部件及特征

1. 主轴箱结构及特征分析

数控机床主传动的载体是主轴箱，主轴箱是机床实现主运动、完成机床切削的重要部件，如图 2-1 所示。一般而言（以 TH6340 为例），主轴箱结构具有以下特点。

（1）在结构上，将主轴组件设计成独立的整体，可单独调整，装配、安装及维修均较方便。

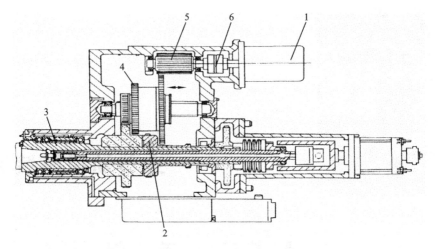

图 2-1　主轴箱结构及其关键零部件

1—交流伺服电动机；2—主轴齿轮；3—主轴；4—换挡齿轮；5—齿轮；6—联轴器

（2）主轴采用中、低碳合金钢（如 38CrMnALA）材料，经热处理（如氮化磨削工艺），具有较好的精度保持性。

（3）适当加大主轴前轴颈的直径，目的是保证机床具有足够的刚性。

（4）主轴前轴承采用 FAG 四件一组角接触轴承成组结构（如 FAG 四件一组角接触轴承），并采用专用锁紧螺母锁紧和采用高级锂基油脂润滑。轴承预紧力一定，承载能力大，极限转速高，同时，保证了主轴组件具有较高的刚性和精度。

（5）主电动机可采用交流主轴伺服电动机（如 FANUC、SIEMENS 伺服电动机），通过同步带与主轴相连（或通过换挡齿轮），具有较大的定向扭矩和切削扭矩。

（6）在主轴的中心设有碟形弹簧自动拉刀机构，拉刀力大，保证机床在切削时不掉刀。

（7）在主轴中心孔处和主轴前支承处设有自动吹气装置，以保证换刀时清洁刀柄和机床加工时冷却水不会渗入主轴前支承。

2. 主轴常用轴承

对机床主轴来说，轴承的刚度是一项重要的特征值，但通过相应的轴承预紧是可以改变的。主轴转速越高，角接触球轴承的接触角越大。$15°$ 的角接触球轴承要比 $25°$ 的角接触球轴承能承受的转速更高。在极高的工作转速下，可使用以陶瓷（氮化硅）球为滚动体的混合主轴轴承，即用陶瓷球代替一般的钢球。图 2-2 所示为数控机床主轴常用轴承。

数控机床主轴的支承主要采用图 2-3 所示的三种形式。图 2-3（a）所示结构的前支承采用双列短圆柱滚子轴承和双向推力角接触球轴承组合，后支承采用

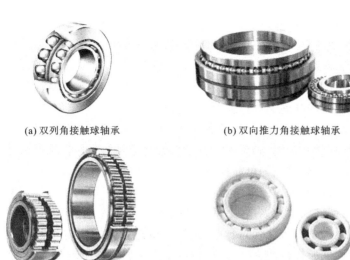

(a) 双列角接触球轴承　　　　　(b) 双向推力角接触球轴承

(c) 双列圆柱滚子轴承　　　　　(d) 陶瓷球轴承

图 2-2　数控机床主轴常用轴承

成对向心推力球轴承。这种结构的综合刚度高,可以满足强力切削要求,是目前各类数控机床普遍采用的形式。图 2-3(b)所示结构的前支承采用多个高精度向心推力球轴承,后支承采用单个向心推力球轴承。这种配置的高速性能好,但承载能力较小,适用于高速、轻载和精密数控机床。图 2-3(c)所示结构为前支承采用双列圆锥滚子轴承,后支承为单列圆锥滚子轴承。这种配置的径向和轴向刚度很高,可承受重载荷,但这种结构限制了主轴最高转速和精度,因而仅适用于中等精度、低速与重载的数控机床主轴。

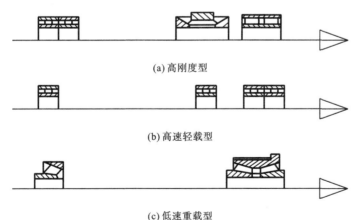

(a) 高刚度型

(b) 高速轻载型

(c) 低速重载型

图 2-3　主轴支承配置方式

轴承的径向游隙,包括轴承安装前自由状态下的原始游隙、装入主轴及轴承座后的装配游隙、工作时在载荷和温升作用下形成的工作游隙。轴承的游隙是

影响主轴回转精度及刚度的重要因素。然而轴承在预紧过程中,若间隙过小,容易引起主轴轴承过热;若间隙过大,又会影响回转精度。

3. 机械主轴的拉松刀机构

在现代加工中,为使高速主轴在加工中能具有高刚度、高精度等优异的性能,机械主轴选用传统的 BT 刀柄,在高速加工中也占有一定的优势。拉刀机构采用两面定位的主轴/刀柄接口,为保证主轴刀柄端面和锥面的可靠连接,充分发挥工具系统的优异性能,必须配备一个高效夹紧机构来提供足够大的夹紧力,保证刀柄端面和主轴端面的可靠接触。

图 2-4 所示拉刀机构工具系统中,为主轴/刀柄接口提供夹紧力和松刀功能的装置。拉刀部件前端为夹爪,夹爪是直接作用在刀柄上的部件,使得主轴和刀柄接触面靠紧;中部为碟形弹簧,是主轴/刀柄连接夹紧力的来源;末端为油压缸,由于碟型弹簧所提供的夹紧力很大,所以必须利用油压缸来产生比夹紧力更大的松刀力,将刀柄推出主轴锥孔,利于换刀。

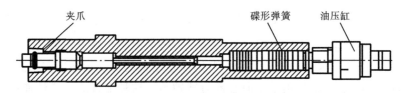

图 2-4　拉刀系统示意图

如图 2-5 所示为刀具夹紧前后的工作示意图。刀柄与主轴的连接采用膨胀式夹紧机构。刀柄在机床主轴上安装时,空心短锥柄起定心作用,能够很好保证主轴/刀柄连接的定位精度。当空心短锥柄与主轴锥孔刚好接触时,BT 刀柄的法兰面与主轴端面仍有 0.1 mm 左右的间隙,间隙值的大小取决于主轴和刀柄锥面加工的公差尺寸。拉紧前,在夹紧机构的作用下,拉杆向左移动,夹爪前端径向张开,同时,夹爪的外锥面作用于空心短锥柄内孔的 30° 锥面上,使其刀柄产生弹性变形。这样,一方面使刀柄外锥面紧密贴合在主轴内锥孔面上,另一方面使刀柄法兰端面与主轴端面靠紧。从而实现了刀柄与主轴锥面和主轴端面同时定位和夹紧。

刀柄结构(见图 2-6)主要有以下四个方面的特点。

(1) 两面定位刀柄最大的特点是在正常工作时由两个面,即锥面和端面接触。刀柄在主轴上的重复定位精度及静、动刚性是影响加工精度和切削性能的重要因素。两面夹紧刀柄在径向上则由锥面限制,而在轴向上由法兰端面限制,因此重复定位精度较高,即使在高转速下不会因主轴锥孔的扩张引起工具轴向窜动。一般情况下,BT 刀柄在径向的重复定位精度为 $\pm 20\ \mu m$,两面夹紧刀柄则可达到 $10.2 \sim 10.3\ \mu m$。

(2) 7:24 锥度主轴/刀柄接口之所以采用 7:24 的锥度,主要有以下几方

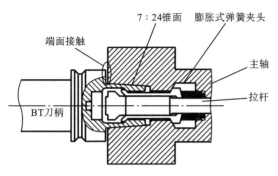

图 2-5　刀具夹紧前后的工作示意图

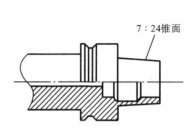

图 2-6　刀柄结构示意图

面原因：首先，由于钢材的摩擦系数大约为 $0.1\sim0.2$，为了保证刀柄夹紧后能自锁，刀柄的锥角应小于一定值，但过小的锥角会增加刀柄锥面的磨损，并失去径向定位作用，所以锥体的锥度以 $7:20\sim7:30$ 为宜。其次，空心柄部的空间有限，若采用大锥度，将进一步减小空间，不利于安装夹紧机构，同时，在离心力作用下主轴锥孔靠外延的部分，在高速的情况下受到离心力作用明显，形成喇叭状，使其径向定位精度大大降低。当然，由于 $7:24$ 锥度也存在不利的地方，主要体现在产生自锁，刀柄在退出主轴孔时必须有较大的推力作用，克服其摩擦力。其装卸过程实际上都是摩擦过程，较大的压力会加大摩擦作用，这会使接触锥面容易产生磨损。

（3）薄壁空心结构　薄壁空心结构是刀柄的一个重要特征，是保证工具系统优异性能的必要结构。这是由于在高速转动时，离心力作用使其主轴孔会向外膨胀，这样的情况下为了实现两面接触，锥面必须产生弹性变形。与实心柄相比，空心柄产生弹性变形的能力更强，所消耗的夹紧力和过盈量也小得多。空心薄壁刀柄的径向膨胀量与主轴锥孔相差不大，有利于在较大的转速范围内保持锥面可靠接触。刀柄的空心柄部还为夹紧机构提供了足够安装空间，以实现由内向外式的夹紧。这种夹紧方式可以把夹爪受到的离心力转化为夹紧力，使刀柄在高速下工作时夹紧更为可靠。

（4）短锥结构主轴/刀柄接口在同时采用端面和锥面定位的方式后，由于端面具有很好的支承作用，所以端面成为刚度影响的主要承担者，这是传统工具系统不具备的，刀柄锥体与主轴的接触长度对工具系统的刚度影响较小。为了克服加工误差对这种锥面和端面同时定位的过定位结构的影响，从而缩短了刀柄锥部结构与主轴锥孔接触的长度。而刀柄锥体长度的减小，也可以减轻刀柄重量、方便快速换刀。图 2-7 所示为

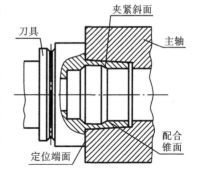

图 2-7　刀具定位及夹紧示意图

45

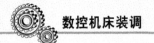

刀具工作示意图。

4. 主轴总成的动平衡

主轴在高速加工时,如果主轴的旋转部件不能做到动平衡,在高速旋转运动中会产生振动,影响加工质量。主轴部件不平衡的原因在于其运动部件的机械结构、材料的不均匀性和加工及装配的不一致性。而对于主轴电动机来说,其不平衡的问题源于其轴的安装形式。带有光轴的主轴电动机,在出厂时已经进行了平衡的调整,可以达到动平衡;而带键轴的主轴电动机,在出厂前也进行了全键平衡和半键平衡的调整。也就是说,主轴电动机在出厂时已经具备了动平衡的特性。

当主轴电动机的轴与带轮连接在一起后,必须进行整体动平衡的调整,以保证主轴电动机的轴在安装了带轮后仍然可以达到动平衡。如果主轴在高速(转速大于 3 000 r/min)运行时产生了高频的振动,必然是因为动平衡出现了问题。动平衡的问题只能通过机械调整来消除。图 2-8 所示为 TH6340 型交换台卧式加工中心主轴示意图。

图 2-8　TH6340 型交换台卧式加工中心主轴示意图

知识点 2　主轴刚度、轴承游隙分析及主轴功率计算

1. 主轴刚度分析

主轴组件是机床的重要组成部分之一。主轴组件的工作性能,对工件的加工质量和机床生产率均有重要影响。机床的主轴刚度则是主轴的重要指标之一,它反映了机床抵抗外载荷的能力。对高精度机床而言,主轴刚度对机床的性能影响则更为重要。

在进行轴的刚度计算时(见图 2-9),先假设主轴的轴承支承是刚性的。受力作用点的挠度 y_s 由两部分组成:$y_s = y_b + y_t$,其中,y_b 是由主轴的弯曲变形产生的挠度,y_t 是由主轴的剪切变形产生的挠度,且

$$y_b = \frac{2F(L-a)a^2}{3EI} \tag{2-1}$$

$$y_t = \frac{kFa}{GA}\left(1 + \frac{a}{L} - \frac{a^2}{L}\right) \tag{2-2}$$

式中:F——作用于主轴的力;

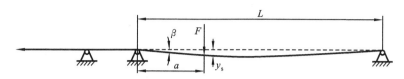

图 2-9　主轴刚度计算简图

L——主轴的两支承的跨度；

a——距左端支承的距离；

E、G——主轴材料的弹性模量和切变模量；

I、A——主轴截面惯性矩和面积；

k——主轴截面形状系数。

此外，有

$$\beta = \frac{Fa(L-a)(2L+a)}{6EIL} \tag{2-3}$$

式中：β——主轴在挠曲线左端的倾斜角。

由于主轴既受到弯矩作用，又受到转矩作用，在转矩的作用下将发生剪切变形。Φ 表示轴发生剪切变形时两端截面的相对转角，称为扭转角，有

$$\Phi = \frac{Ta}{GI_p} \tag{2-4}$$

式中：GI_p——主轴的抗扭刚度；

T——作用在主轴上的转矩。

实际情况是，在主轴承载后，轴承支承和主轴都发生变形，这两部分的变形对主轴上的齿轮啮合状况都有影响。此处仅分析轴的变形，在以后的分析中，单独考虑轴承的刚度问题，把所得的结果在计算方向上矢量叠加，便可以得出齿轮支承系统的变形对其传动的影响。

2. 轴承与主轴箱、轴的配合间隙分析

轴承外圈与主轴箱相配合，轴承内圈与轴相配合。采用基孔制过盈配合，轴承与轴颈和箱体外壳配合时，过盈量使其内圈膨胀、外圈收缩而使径向游隙减小。可以估算由配合引起的游隙减少量为

$$\delta_1 = 0.7(\Delta d_e + \Delta D_e) \sim 0.9(\Delta d_e + \Delta D_e) \tag{2-5}$$

式中：Δd_e——轴承内圈有效过盈；

ΔD_e——轴承外圈有效过盈。

3. 轴承的载荷游隙

轴承受载荷时将出现弹性变形，该变形将引起径向游隙和轴向游隙。具体的计算公式见表 2-1。由表 2-1 计算公式可以计算出轴承在工作时的径向和轴向位移量。

表 2-1　轴承的载荷与弹性变形计算公式

轴承类型	径向间隙 δ_r	轴向间隙 δ_a
调心球轴承	$\delta_r = \dfrac{0.000\,7}{\cos\alpha}\sqrt[3]{\dfrac{p_0^2}{D_w}}$	$\delta_a = \dfrac{0.000\,7}{\sin\alpha}\sqrt[3]{\dfrac{p_0^2}{D_w}}$
深沟球轴承 角接触球轴承	$\delta_r = \dfrac{0.000\,44}{\cos\alpha}\sqrt[3]{\dfrac{p_0^2}{D_w}}$	$\delta_a = \dfrac{0.000\,44}{\sin\alpha}\sqrt[3]{\dfrac{p_0^2}{D_w}}$

表 2-1 中，$p_0 = F_r / iz\cos\alpha Jr$ 为受载最大的滚动体载荷（N），其中 F_r 为当量径向载荷，i 为滚子的列数，z 为滚子的个数，Jr 为载荷积分函数，α 为轴承的接触角（°）；D_w 为球的直径（mm）。

另外，温度的变化对轴承的游隙也有较大的影响。在正常运转状态下，滚动轴承的轴承外圈、内圈和滚动体的温度从最低到最高依次升高，一般外圈温度比内圈温度、内圈温度比滚动体温度均低 5～10 ℃。由内外圈之间的温差引起的游隙减少量为

$$\delta_t = \alpha_T \Delta T D_0 \tag{2-6}$$

式中：α_T——轴承钢的线膨胀系数，$\alpha_T = 12.5\times10^{-6}/℃$；

ΔT——内、外圈之间的温差（℃）；

D_0——外圈滚道直径，对于深沟球轴承和调心滚子轴承，$D_0 \approx 0.2(d+4D)$。

总之，轴承支承部分的影响误差可以综合为径向误差和轴向误差，这些位移量直接影响主轴的装配精度与加工精度。

4. TH6340 型交换台卧式加工中心主轴计算实例

1）主轴的传动功率及扭矩计算

（1）主轴的功率　TH6340 型交换台卧式加工中心以镗铣切削为主，同时，可以完成普通卧式铣床的各种加工。本机床以硬质合金 YG8 套式面铣刀切削 HB200 灰铸铁作为选择功率的依据，切削参数如下：

刀盘直径为 $d_t = 220$ mm，刀齿数为 $z = 8$，切削弧深为 $a_e = 160$ mm，每齿进给量为 $a_f = 0.2$ 毫米/齿，每齿切削深度为 $a_p = 9$ mm，切削速度为 $v = 106$ m/min。主切削力 F_t、主轴的切削功率 P_m 及主电动机功率 P_M 计算如下。

主切削力 F_t

$$F_t = 539 a_e a_f^{0.74} d_t^{-1} a_p^{0.9} z = 6\,885.83\ \text{N}$$

主轴的切削功率 P_m

$$P_m = \frac{F_t v}{60\,000} = 12.16\ \text{kW}$$

主电动机功率 P_M

$$P_M = \frac{1}{\eta} P_m = 15.08\ \text{kW}$$

式中:η——主传动链的总效率,取 $\eta=0.8$;

$\quad v$——切削速度(m/min)。

(2)主轴的切削扭矩 由主轴的切削扭矩推算出主电动机扭矩,计算如下。

主轴的切削扭矩 M_t

$$M_t=F_t R=F_t \cdot \frac{1}{2}d_t=\frac{1}{2}F_t d_t=757.44 \text{ N} \cdot \text{m}$$

主电动机扭矩 M_M

$$M_M=\frac{1}{i} \times M_t=75.74 \text{ N} \cdot \text{m}$$

式中:R——面铣刀半径(m);

$\quad i$——主传动链的总降速比,$i=10$。

(3)主传动系统的负载惯量计算。

2)主轴的切削量 Q

主轴的切削量为

$$Q=a_e \cdot z \cdot a_f \cdot n \cdot a_p=16 \times 8 \times 0.02 \times 150 \times 0.9 \text{ cm}^3/\text{min}=345.6 \text{ cm}^3/\text{min}$$

式中:a_e——切削弧深(cm),$a_e=16$;

$\quad z$——刀齿数(个),$z=8$;

$\quad a_f$——每齿进给量(毫米/齿),$a_f=0.2$;

$\quad n$——主轴转速(毫米/齿),$n=1\,500$ 毫米/齿;

$\quad a_p$——切削深度(mm),$a_p=9$ mm。

3)x、y、z 三个方向上的切削分力

由金属切削机床的相关原理,得出 x、y、z 三个方向上的切削分力计算如下。

x 方向上的切削分力 F_{cx}

$$F_{cx}=0.4F_t=2\,754.33 \text{ N}$$

y 方向上的切削分力 F_{cy}

$$F_{cy}=0.95F_t=6\,541.54 \text{ N}$$

z 方向上的切削分力 F_{cz}

$$F_{cz}=0.55F_t=3\,787.21 \text{ N}$$

4)主传动系统的惯量计算

$$J_s=\sum \frac{1}{2}m_i r_i^2=1.32 \text{ kgf} \cdot \text{cm} \cdot \text{s}^2$$

5)主电动机的选择

(1)根据以上的计算可知,主轴电动机动力参数至少满足表2-2所要求的条件。

表 2-2　依据计算得出主轴电机动力参数

主轴的切削功率	主电动机的功率	主轴的切削扭矩	主电动机的扭矩
$P_m=12.16$ kW	$P_M=15.08$ kW	$M_t=757.44$ N $\cdot$ m	$M_M=75.74$ N $\cdot$ m

（2）选择主电动机。

选择 VFNC50-15-4V-E 型变频主轴电动机（立式），其主要技术参数如表 2-3 所示。

表 2-3　VFNC50-15-4V-E 型变频主轴电动机额定参数

额定功率	额定转速	最大转速	额定转矩	负载惯量
15 kW	1 500 r/min	6 000 r/min	98 N·m	0.132 kg·m²

知识点 3　机械主轴的装配与检测

数控机床主轴部件是影响机床加工精度的主要部件，它的回转精度影响工件的加工精度，它的功率大小与回转速度影响加工效率，它的自动变速、准停、换刀等动作的效率影响机床的自动化程度。因此，要求主轴部件具有与机床工作性能相适应的高的回转精度、刚度、抗振性、耐磨性和低的温升，同时，在结构上必须很好地解决刀具和工件的装夹、轴承的配置、轴承间隙调整、润滑密封等问题。主轴部件的正确安装、检验测试、空运转是数控机床的重要安装工序。

1. 主轴的装配技术要求

以 TH6340 型交换台卧式加工中心为例，其主轴装配有如下要求。

（1）主轴锥孔轴线的径向跳动，具体如下。

① 靠近主轴端面处：0.008 mm。

② 距主轴端面 300 mm 处：0.020 mm。

（2）轴的轴向窜动：0.008 mm。

2. 主轴装配与检测实施

TH6340 型交换台卧式加工中心主轴及内部结构如图 2-10 所示。

图 2-10　TH6340 型交换台卧式加工中心主轴及内部结构

TH6340 型交换台卧式加工中心主轴部件装配路线：清洗、清洁零件→检测复核各零件、修配→装拉杆组件→装配主轴、前轴承组→装配后轴承组→将主轴组件装入主轴套→空运转跑车试验→装入拉杆、同步带轮等→将主轴部件装入主轴箱→检验。

具体内容如下。

（1）清洗、清洁主轴及轴承、内外隔套、拉杆及碟形弹簧组件、同步带轮、平键、端面套、锁紧螺母、平行垫圈、调节螺母及锁定螺钉、中间盖板、两端罩盖和油封。使用油石将各零件棱边、槽口的毛刺修平，清洗所有零件上面的防锈油，所有安装面不得有油污、脏物和铁屑存在。清洁后的零件要置于油槽中或垫以干净的布或卡纸。

（2）复核各零件配合部位的尺寸，如轴承内孔与主轴轴颈的配合间隙，轴承外圈分别与主轴套的配合间隙，平键与轴上键槽和皮带轮内孔键槽的配合间隙，皮带轮内孔与轴颈的配合间隙，内外隔套、端面套、平行垫圈的平行度（公差为 0.003～0.005 mm）等。对于规定的修配件，必要时要进行修整、修配。

（3）复检主轴 7∶24 锥孔。检验 7∶24 内锥孔，首先要有圆锥塞规（一个标准的外圆锥）。在圆锥塞规上沿轴线方向均匀涂三条厚 1～3 μm 的红丹油，然后将塞规插入内锥孔，与主轴锥孔配合转动 30°～60°后抽出塞规，观察塞规表面，检测接触情况。用红丹油的擦拭痕迹来判断内圆锥的好坏，接触面积越多，分布越均匀，锥度就越好；反之，则不好。精密机床的主轴锥孔与标准圆锥塞规的接触面积应不小于 75%，且应靠近大端，俗称"大头硬"。

（4）检测主轴箱体与主轴套配合的内孔精度。先装好拉杆组件，碟形弹簧要保持规定的组数，测量拉杆前端卡爪伸入主轴锥孔底的位置，保持合适。拉杆组件、碟形弹簧起到的作用是：液压油使活塞下压顶出拉杆，压缩碟形弹簧，使主轴孔内上端的夹套处于放松状态，松开或装入刀具。当刀具装入主轴后，气缸活塞上移，碟形弹簧复位，靠碟形弹簧提供的弹力，拉杆被拉向上，从而使其端部夹套内的钢球或卡爪拉紧刀柄尾部的拉钉（见图 2-11），将刀柄夹紧在主轴锥孔内。所以 BT40 主轴组件的预紧力不小于 1 500 kgf，才能够满足强力切削的基本要求。当预紧力不适当时，要通过调整主轴后端拉杆上方的锁紧螺母及隔套来使其满足要求。

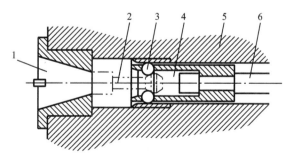

图 2-11 刀柄末端的钢球拉紧机构

1—主轴刀柄；2—拉钉；3—钢球；4—棘爪；5—主轴套筒；6—拉杆

（5）装配主轴轴承组。数控机床所选用的轴承基本都是定制的角接触轴承

成组结构,由厂家成组供给,其内、外隔套都已配好,不得弄混方位或编组。采用专用锁紧螺母锁紧,只需调整锁紧螺母。采用高级锂基油脂润滑,润滑脂的填充量为轴承空隙容积的 1/3～1/2,宜采用偏小值。

主轴轴承主要是根据精度、刚度和许用转速来选择。为了提高精度和刚度,主轴轴承的间隙应该是可调的。但是这些支承都较复杂,主轴轴承调整困难。现在一般都是在定购时,选择单个使用定购和配对使用定购两种方式,由专业生产厂家来调整。配对使用定购时供应商将配对使用的轴承内、外环配磨,使之在主轴上安装预紧后具有规定的轴向过盈量。配对使用轴承在主轴圆周方向的最佳安装位置,供应商也一并标出,以满足主轴安装后的工作性能要求。实际装配轴承时需要做的是配磨锁紧螺母端面,提供适宜的轴向位置和适宜的轴向锁紧力。

主轴轴承采用特殊锂基润滑油脂润滑,油脂封在主轴套内,用户一般不应更换。

按顺序将主轴、前轴承组、端盖等装入主轴;装配后轴承组入主轴;整体装入主轴套内。由于数控机床所要求选用的轴承与轴配合性质均为 JS 级,约为 IT5～IT6 级间,间隙极小,因此,不得采用金属工具强行敲击打入。宜选用压力压入,或采用冷装与热装法。

常用的热装法是用介质加热法,即把轴承置于 7%～10% 的乳化液水槽中,用蒸汽加热至 100 ℃ 或在热油槽(70～100 ℃)内进行加热,保温一定时间使零件热胀均匀。迅速装入主轴,待冷却后再次清洗,涂润滑脂。

(6) 上专用试车台架,进行空运转跑车试验,其规范如下。

① 主轴空运转转速为以 30 r/min 起步,选中、高挡速各两挡各试不少于 10 min,最高转速时运转时间不少于 30 min,使主轴轴承达到稳定温度,轴承温升小于 40 ℃,其他结构温升不超过 30 ℃。

② 空载运转总时间不少于 120 min。

试车合格后,装入拉杆、后端锁紧螺母、平键、同步带轮、中间盖板、调节螺母和锁定螺钉,最后安装上、下油封。将主轴部件从主轴箱前端套入,并固定。

为了使主轴得到预定的回转精度,在装配时应注意角接触轴承的轴向间隙的调整。调整时,先旋紧调节螺母,消除轴承间隙,然后旋松约 1/10 r,此时可获得较好的轴承间隙。

在所有螺钉、螺母等可旋动零件两结合部位涂标记色油漆点,供以后方便拆装恢复。

(7) 检验装配精度。由于机床其他部位尚未装好,此时只检测涉及主轴精度的两项。

① 检验主轴锥孔轴线的径向圆跳动。如图 2-12(a)所示,检验时,在主轴锥孔中插入检验棒,固定千分表,使其测量头触及检验棒表面,a 点靠近主轴端面,b 点距 a 点 300 mm,旋转主轴进行检验。为提高测量精度,可使检验棒按不同方位插入主轴重复进行检验。分别计算 a、b 两处的误差,将多次测量的结果取算

术平均值,作为主轴径向圆跳动误差,a 处允许误差为 0.008 mm,b 处允许误差
为 0.02 mm。

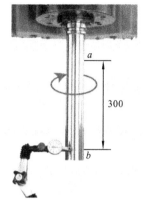
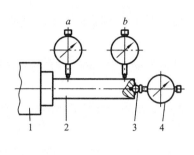

(a) 主轴锥孔轴线径向圆跳动检测　　　　　　(b) 主轴轴向窜动的检测

图 2-12　主轴装配精度的检测

1—主轴;2—检验棒;3—钢球;4—测量表

② 检验主轴的轴向窜动。如图 2-12(b)所示,检验时,固定千分表,使测量头
插入主轴锥孔的专用检验棒的端面中心处,中心处粘上一钢球,旋转主轴检验。
以千分表读数的最大值作为主轴轴向窜动误差,允许误差为 0.008 mm。

【注意事项】

如何选择能够保证装配精度的装配方法应注意以下两个方面。

1. 保证装配精度

装配精度与零件(特别是关键零件)的加工精度有密切关系,后者是保证前
者的基础。但是保证装配精度,不能仅依赖于提高零件加工精度,这没有必要,
而且也不可能无限制地提高零件加工精度。

零件应能按经济加工精度制造,而在装配过程中通过必要的检测、调整甚至
修配等手段来科学合理地保证装配精度的实现。例如采用定向装配法。用一组
滚动轴承支承的主轴,因主轴轴颈与轴承内、外圈均有一定的径向圆跳动误差,
若运用定向装配法先通过检测手段来掌握它们各自的径向圆跳动方向,就可抵
消装配后主轴的径向圆跳动误差,使它小于各自的误差。这就是装配方法的选
择所起的作用。

因此,装配精度不仅受零件加工精度的影响,而且也取决于装配方法的选择
和装配工艺技术的高低。通常,运用表示机械或机构中各零部件相互关系的尺
寸链,即用装配尺寸链分析计算理论来验证预定的装配精度能否达到要求,从而
选定合适的装配方法。

2. 装配尺寸链的解算及其应用——装配方法的选择

在中级钳工的培训中,已学过装配尺寸链的概念,对如何建立装配尺寸链已

有所了解。

装配钳工对于装配方法的选择,实质上就是运用尺寸链理论解装配尺寸链。为了正确处理装配精度与零件加工精度两者的关系,妥善处理生产的经济性与使用要求的矛盾,在生产实践中,根据产品结构、生产类型及条件,已归纳出获得装配精度的五种工艺方法,即完全互换法、部分互换法、分组选配法、修配法和调整法。

在生产中不论采用何种装配方法,都需要熟练地应用装配尺寸链理论来验证其装配精度能否保证,或正确解决装配精度与零件加工精度的关系。

(1)用完全互换法保证装配精度 这种装配方法的实质,就是控制所有零件的加工误差,来保证装配精度,成本很高。

(2)用部分互换法保证装配精度 应用概率统计理论,放宽零件各环的平均公差(要比极值法的各环平均公差扩大 $\sqrt{n-1}$ 倍),使零件加工相对较容易,这不失为一种经济合理的装配方法。

(3)用选配法保证装配精度 将装配尺寸链中各环的实际加工公差放大到经济可行的程度,通过测量来选择合适的零件,或通过分组配对进行装配。分组配对又分为直接选配和分组选配。

(4)用修配法保证装配精度 采用修配法时,各零件均按经济精度制造,封闭环累积误差必然超差。要有意改变某一组成环的尺寸,必须对其进行补充加工(机械加工,如锉、刮、研等),要补充加工的组成环称为修配环,去除的那一层材料厚度称为修配量。

(5)用调整法保证装配精度 与修配法相似,也是放宽公差,对累积误差进行补偿。但调整法不需修配,只是采用改变可动补偿件的位置(称可动调整法),或采用装入固定补偿件(称固定调整法)的方法来抵消过大的装配累积误差,从而保证精度。

以上五种装配方法,可供数控机床总装和部装时选用。在分析装配尺寸链时,应先找出最基本的尺寸链,它可以是单个装配尺寸链,也可以是整个产品的装配尺寸链系统。最简单的方法是利用产品的验收精度标准,找出以此精度标准所允许的误差作为封闭环的装配尺寸链,然后依次根据各部件的装配技术要求,找出产品有关的装配尺寸链,再根据各个装配尺寸链的装配技术要求,综合地考虑产品生产条件、结构特点和各装配尺寸链之间的联系,与上述五种装配方法的适用范围进行比较,最后选定合适的装配方法。

定向装配法:定向装配就是人为地控制各装配件径向跳动误差的方向,使误差相互抵消而不是累积,以提高装配精度的一种方法。装配前必须对主轴锥孔轴线偏差及轴承内外圈径向跳动进行测量,确定误差大小和方向并做好标记。

主轴的定向装配实际上就是将主轴前、后轴承内圈的偏心(径向圆跳动误差)和主轴锥孔中心线的误差值置于同一轴向截面内,并按一定的方向装配。

定向装配前必须先分别测出轴承内圈内孔的径向圆跳动误差和主轴锥孔中心线的误差,并记录好误差方向。

滚动轴承定向装配时要保证:

(1) 主轴前轴承的径向圆跳动量比后轴承的径向圆跳动量小;

(2) 前、后两个轴承径向圆跳动量最大的方向应置于同一轴向截面内,并位于旋转中心线的同一侧;

(3) 前、后两个轴承径向圆跳动量最大的方向与主轴锥孔中心线的偏差方向相反。

图 2-13 所示为按定向装配法的不同方式进行装配后的主轴精度的比较。

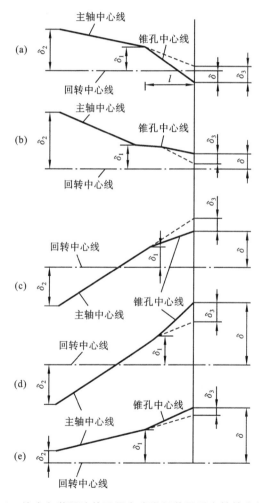

图 2-13 按定向装配法的不同方式进行装配后主轴精度的比较

按定向要求进行装配时(见图 2-13(a)),主轴检验处的径向圆跳动量 δ 最小,即 $\delta < \delta_3 < \delta_1 < \delta_2$。

如图 2-13(b)所示,主轴锥孔中心线误差方向与两轴承径向圆跳动量最大的方向相同。

如图 2-13(c)所示,两轴承径向圆跳动量最大处在旋转中心线的两侧,主轴锥孔中心线误差方向与前轴承径向圆跳动量最大的方向相反。

如图 2-13(d)所示,两轴承径向圆跳动量最大处在旋转中心线的两侧,主轴锥孔中心线的误差方向也与前轴承径向圆跳动量最大的方向相同,此时主轴检验处的径向圆跳动量 δ 最大,即 $\delta > \delta_2 > \delta_1 > \delta_3$。

如图 2-13(e)所示,主轴后轴承的径向圆跳动量比前轴承的小,此时主轴检验处的径向圆跳动量反而增大。

对于定向装配的轴承,应严格保持其内圈与轴不发生相对转动,否则,将丧失已获得的旋转精度。

知识点 4 电主轴

电主轴就是把电动机转子和主轴做成一体而得到的主轴。电主轴作为独立的单元而成为功能部件,可以方便地配置到高挡高速数控机床上。目前,电主轴已经越来越多地被采用。

机床采用集成内装形式的电主轴结构,取消了带传动和齿轮传动等中间传动环节,主轴由内装式电动机直接驱动,从而把机床主传动链的长度缩短为零,实现了机床主轴的"零间隙传动"。电主轴实际上就是将内装式电动机和机床主轴"合二为一",即采用无外壳电动机,将其空心转子直接套装在机床的主轴上,带有冷却套的定子则安装在主轴单元的壳体内,形成内装式电动机主轴(build-in motor spindle)。图 2-14 所示为电主轴的结构示意图。

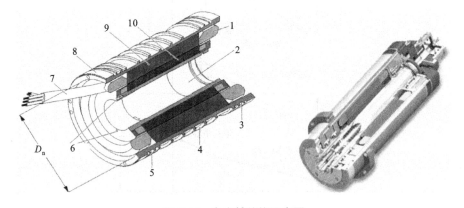

图 2-14 电主轴结构示意图

1—绕组末端;2—安装台阶;3、5—泄漏沟槽;4—冷却螺旋槽;6—压力油口;

7—电动机绕组;8—冷却水套;9—定子;10—转子

电主轴主要具有以下特点。

（1）高速电主轴结构紧凑、重量轻、惯性小、响应特性好,可改善主轴的动平衡,减少振动和噪声。

（2）电主轴系统取消了带传动和齿轮传动等中间传动环节,消除了传动误差。

（3）电主轴回转时具有极大的角加速度,能在短时间内实现高速变化。

（4）电动机内置于主轴两支承之间,可提高主轴系统的刚度,也就提高了系统的固有频率,从而提高了其临界转速。电主轴可以确保正常运行转速低于临界转速,保证高速回转时的安全。

（5）电主轴采用交流变频调速和向量控制,具有输出功率大、调速范围宽和功率-扭矩特性好的特点。其功率转速特性见图 2-15。其中,S1-100% 是连续输出功率（电动机设计为 F 级绝缘,允许的几线温升为 105%,S1-100% 连续输出功率设计的定义温升是 75%）,S6-60% 和 S6-40% 的输出功率是指重负荷间歇加载,重负荷持续率为 60% 和 40%,负荷持续率＝重载加工时间/工作周期。

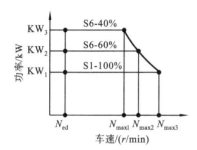

代号	定义
N_{ed}	额定速度
KW_1	连续工作额定功率
N_{max1}	恒功率为KW_1时的最大速度
KW_2	S6-60%输出功率
N_{max2}	恒功率为KW_2时的最大速度
KW_3	S6-40%输出功率
N_{max3}	恒功率为KW_3时的最大速度

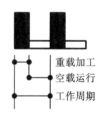

(a)电主轴速度-功率特性

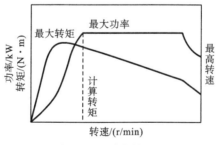

（b）转矩功率与转速图

图 2-15　电主轴转速-力矩、功率特性

高速电主轴单元包括动力源、主轴、轴承、机架四个主要部分,是高速车床的最关键部件之一。这四个部分构成一个动力学性能及稳定性良好的关系,在很大程度上决定了机床所能达到的切削能力、加工精度等。为使高速主轴获得好的动态性能和使用寿命,必须对高速电主轴的各个组成部分——主轴、轴承、电主轴壳体,以及与之相关的冷却、润滑等装置进行精心设计和制造。电主轴的核心部件是无外壳主轴电动机,正确设计电动机的电磁参数十分重要。

电动机的机械特性和电气特性应满足机床在高调速范围内对功率和扭矩的要求。另外，转子在高速旋转时应该有足够的强度。

主轴是高速电主轴的主要回转零件，其精度直接影响电主轴的最终精度，决定了机床的加工精度。对于高速旋转的回转体，微小的偏心，都会影响其回转时的动态特性，引起振动，为此，对主轴及其套件进行动平衡测试是主轴装配的必要环节，是保证机床高速、平稳转动的关键。

轴承是高速电主轴的核心支撑组件，其所能达到的转速、承载能力在很大程度上决定了该机床主轴的转速以及所能承受的切削力。轴承的大小、布置形式，以及所采用的润滑方式，对主轴的最高转速都会产生很大的影响。近年来，随着技术的进步，相继研发出了适合高速转动的轴承——陶瓷轴承和磁浮轴承。目前已被广泛使用的高速轴承是陶瓷轴承，其滚动体使用热压 Si_3N 陶瓷球，轴承套圈仍为钢圈。

壳体是高速电主轴的主要部件，轴壳加工的尺寸精度和位置精度直接影响主轴的综合精度。电主轴为加装电动机定子，必须开放一端。大型或特种电主轴，可将壳体两端均设计成开放型。在壳体的加工过程中，将前、后轴承座与壳体进行配合，以保证前、后轴承孔的同轴度，提高主轴的精度。

高速电主轴工作时将电能转化为机械能，同时，也有一部分电能被转化为热能。所有这些热能无法完全通过风扇和壳体向外界扩散，必须采用一定的方式将热量加以控制。电主轴产生的热量大部分由电动机定子产生（其热量分布图见图 2-16），因此，可以在电动机定子外设计一个通入冷却液的套筒，用循环的冷却水吸收和带走电动机产生的热量（其散热路线见图 2-17）。高速电主轴的冷却系统主要依靠冷却水的循环流动来实现，流动的冷压缩空气也能起到一定的冷却作用。

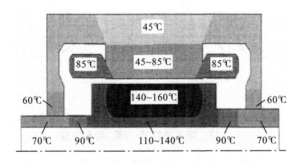

图 2-16　电主轴的热量分布图

高速电主轴的润滑主要是指主轴轴承的润滑，一般以脂润滑和油雾润滑两种方式为主。在 D_n 值较低的电主轴中，脂润滑是较常见的轴承润滑方式。采用脂润滑的高速电主轴具有结构简单、使用方便、无污染和通用性强的特点，存在的主要问题是主轴温升较高、工作寿命较短。

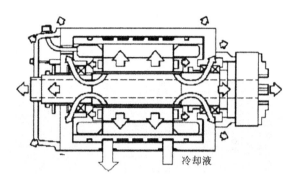

冷却液

图 2-17　电主轴的散热路线图

实训项目　机械主轴的装配与检测

1. 操作仪器与设备

（1）数控机床主轴箱一个。

（2）数控机床主轴拉杆组件一副。

（3）主轴电动机一个。

（4）同步齿形带及带轮一副。

（5）通用工具：①活动扳手两个；②木柄螺丝刀两个；③内六角扳手一套；④紫铜棒或木手锤一个；⑤齿厚卡尺一个。

2. 实际操作

（1）拆装并测绘数控机床主轴箱，掌握其工作原理及结构特点和精度要求。

（2）拆装并测绘数控机床主轴组件，掌握其工作原理及结构特点和精度要求。

（3）掌握机床主轴径向跳动与轴向窜动精度检测方法。

（4）了解主轴和滚珠丝杠用的角接触轴承，掌握其受力和定位特点。

3. 操作内容

（1）对主轴箱进行装配并作精度检测。

（2）测绘主轴拉杆组件。

（3）测绘主轴箱，并作精度分析。

（4）把主轴箱与立柱、床身组合组装，测量各部件的组装精度。

（5）分析立式加工中心与卧式加工中心主轴的布置方式及受力特点。

（6）要平衡立式加工中心主轴箱的重力，往往采用重锤或液压装置，分析其优劣。

（7）测绘主轴箱与立柱装配图，并说明大型铸件的几何精度、加工精度、装配精度及运动精度如何相互影响。

（8）根据图 2-18 所示，试分析数控铣床主轴的几何要素、制造要素、装配要素及运动要素；并拆画部分零件图。

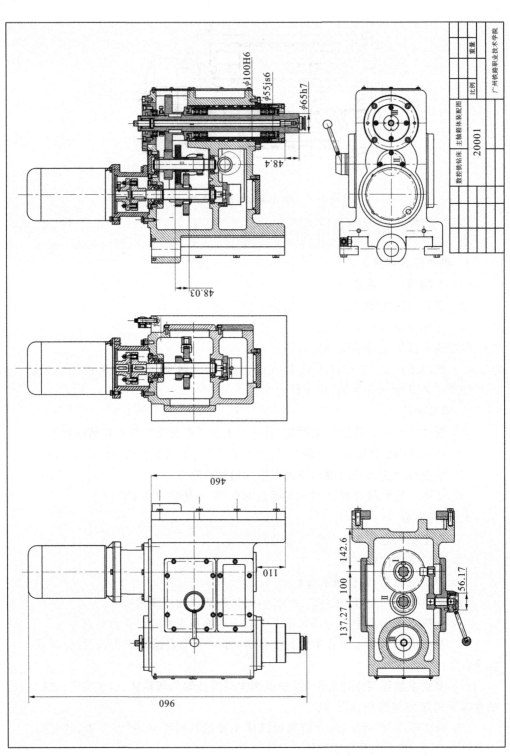

图 2-18 某数控铣床主轴装配图

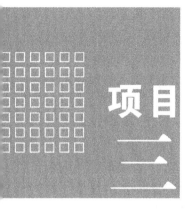

项目

三

刀辅传动机械装调

任务 1　项目教学单元设计

【学习目标】

（1）会选用典型零部件进行数控机床刀架（或刀库）的装配与调整。

（2）能对四方刀架和弧面分度凸轮刀库典型零部件进行测绘。

（3）能用三维软件（如 PRO/E、UGS、AUTOCAD 等）对刀架和刀库进行模拟装配。

【教学内容】

数控机床刀架（或刀库）部件，如圆盘式刀库、斗笠式刀库、链式刀库、四（六、八）工位刀架等，以及支承部件的认识与选用，弧面分度凸轮刀库的设计与校核。

任务 2　项目内容设计

知识点 1　刀库分类及刀库总成

在零件的制造过程中，大量的时间用于更换刀具、装卸零件、测量和搬运零件等非切削时间上，切削加工时间仅占整个工时中较小的比例。为了缩短非切削时间，充分发挥机床的效率，往往采用"工序集中"的原则。常见的带有自动换刀装置的机床，如车削中心、镗铣加工中心、钻削中心等比较典型。这类多工序的加工中心，有些还采用自动上、下料和自动装卸工件系统，以提高机床的自动化程度，完成零件的多工序加工。刀库是加工中心机床实现一次装夹多工序自

61

动加工的重要部件,其工作的可靠性对保证机床高效率工作影响甚大。加工中心可以对工件完成多工序加工,在加工过程中需要自动更换刀具。加工中心中完成自动更换刀具的系统称为自动换刀系统。自动换刀系统的主要指标有刀库容量、换刀可靠性和换刀时间,这些指标直接影响到加工中心的工艺性能和工作效率。

　　加工中心目前大量使用的是带刀库的自动换刀系统。数控车床转位刀架也是一种自动换刀系统。

图3-1　弧面分度凸轮刀库机械手

　　具有刀库的加工中心,其刀库形式有盘式刀库、链式刀库等;刀库的换刀方法包括有机械手换刀和无机械手换刀两种。刀库与机械手在机床上布局不同、组合不同,会使机床结构变化各异。数控机床选用何种结构形式要由设计者根据工艺、刀具数量、主机结构总体布局等多种因素决定。

　　图3-1所示的是弧面分度凸轮刀库,带回转式单臂双爪机械手;图3-2所示的是无机械手斗笠式圆盘刀库;图3-3所示的是链式刀库,刀库中刀具的轴线与主轴上刀具的轴线垂直,换刀时,刀库上的刀具和刀座一起翻转90°。

图3-2　槽轮分度刀库(斗笠式)

图3-3　链式刀库

　　机械手是加工中心换刀机构的核心部件。换刀时,机械手在机床主轴(或刀架)与刀库之间,执行交换新、旧刀具的任务,在一个换刀程序中要完成抓刀、拔刀、交换(新旧刀对调)、装刀、复位等动作。由于不同结构形式加工中心的刀库的形式、刀库与主轴的相对位置、距离不同,机械手的结构形式和运动过程也不尽相同,目前,使用最多的是回转式单臂双爪机械手。机械手通常有三个自由度,即抓刀与复位是一个自由度,拔刀与装刀是一个自由度,新、旧刀具位置交换是一个自由度。换刀动作在加工过程中是一个辅助动作,要求换刀时间尽量短,目前,多数机械手的换刀时间为5～8 s,少数可达0.7 s。一般要求机械手动作迅速、平稳、可靠,特别是在高速旋转中交换刀具时,刀具不能从机械手中甩出来,因此,机械手必须具有相应的锁紧机构。机械手完成的各个动作是靠位置控制的,一个动作结束后,必须发出一个信号给PLC(可编程逻辑控制器),以便启动下一个动作。拆装时要着重分析它的锁紧机构和各行程开关的安装位置。

这种自动换刀装置有一个专做储存刀具用的刀库,机床只需一个夹持刀具进行切削的刀具主轴(钻、镗、铣类机床)。当需用某一刀具进行切削加工时,将该刀具自动地从刀库移送至刀具主轴或刀架中;切削完毕后,又将用过的刀具自动地从刀具主轴或刀架移回刀库中。由于在换刀过程中刀具需在各部件之间进行转换,所以各部件的动作必须准确协调。

刀库中刀具的数目可根据工艺要求与机床的结构布局而定,数量可较多。刀库可布置在远离加工区的地方,从而消除了它与工件相干扰的可能性。

采用这种自动换刀方式的刀具主轴或刀架,需要有自动夹紧、放松刀具的机构及其驱动传力机构。另外,还要求有清洁刀柄及刀孔、刀座的装置,因而结构较复杂,换刀时间一般也较长。其换刀动作包括:一个工序加工完毕后,按照数控系统的指令,刀具快速退离工件,从加工位置退到换刀位置(同时主轴准停);进行新旧刀具的交换;然后松开主轴(消除准停),变速,主轴启动旋转并快速趋近加工位置,用更换的新刀具开始下一工序的加工。

(1) 机械手　采用机械手进行刀具交换的方式应用最广泛。因为机械手换刀灵活、动作快、结构简单。由于刀库及刀具交换方式的不同,换刀机械手也有多种形式。从手臂的类型来分,有单臂机械手、双臂机械手。

(2) 自动换刀过程　采用机械手进行刀具交换的方式在加工中心中应用最广泛,下面是立式加工中心的自动换刀过程(见图3-4)。上一工序加工完毕后,主轴在"准停"位置由自动换刀装置换刀,其过程如下。

① 刀套下转90°　机床的刀库位于立柱左侧,刀具在刀库中的安装方向与主轴垂直。换刀之前,刀库转动将待换刀具送到换刀位置,之后把带有刀具的刀套向下翻转90°,使得刀具轴线与主轴轴线平行。

② 机械手转75°　在机床切削加工时,机械手的手臂与主轴中心到换刀位置的刀具中心线的连线成75°,该位置为机械手的原始位置。机械手换刀的第一个

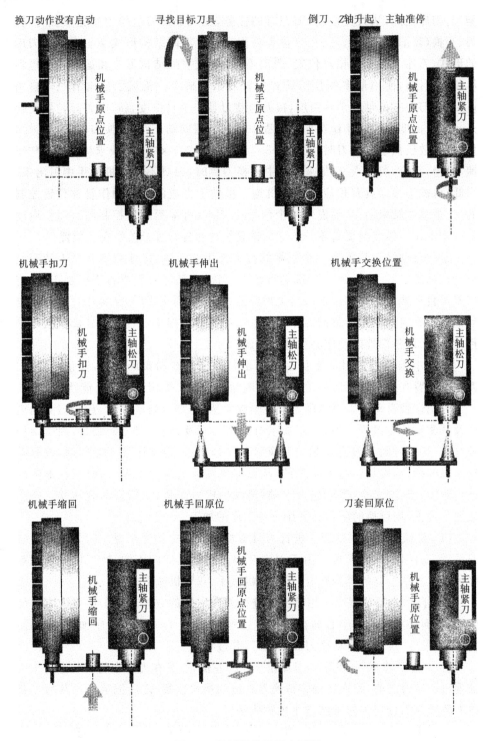

图 3-4　机械手的换刀序列图

动作是顺时针转 75°,两手分别抓住刀库上和主轴上的刀柄。

③ 刀具松开　机械手抓住主轴刀具的刀柄后,刀具的自动夹紧机构会松开刀具。

④ 机械手拔刀　机械手下降,同时拔出两把刀具。

⑤ 交换两刀具位置　机械手带着两把刀具逆时针转 180°,使主轴刀具与刀库刀具交换位置。

⑥ 机械手插刀　机械手上升,分别把刀具插入主轴锥孔和刀套中。

⑦ 刀具夹紧　刀具插入主轴锥孔后,刀具的自动夹紧机构夹紧刀具。

⑧ 机械手转 180°　液压缸复位驱动机械手逆时针转 180°,液压缸复位,机械手无动作。

⑨ 机械手反转 75°　回到原始位置。

⑩ 刀套上转 90°　刀套带着刀具向上翻转 90°,为下一次选刀做准备。

刀库容量是由加工工艺需要所决定的。加工工艺需要是指一个工件在加工中心上,一次装夹下需要多少种、多少把刀具,才能完成加工要求。根据成组技术法对 15 000 种工件进行分组,并统计各种加工所需刀具数量的结果发现,14 把刀具就可完成 70% 以上工件的钻铣工艺,所以一般中小型立式加工中心配上 14~30 把刀具的刀库就能满足 75%~95% 工件的加工需要。

无机械手换刀系统(见图 3-5)的优点是结构简单,换刀可靠性较高,成本低;其缺点是结构布局受到了限制,刀库的容量少,换刀时间较长(10~20 s),因此,多用于中小型加工中心。在有机械手的自动换刀系统中,刀库的容量、形式、布局等都比较灵活;机械手的配置形式也是多种多样,可以是单臂的,也可以是双臂的,主、辅机械手的换刀时间可以缩短到几秒,甚至零点几秒。采用单独存储刀具的刀库,刀具数量可以增多,以满足加工复杂零件的需要,这时的加工中心只需一个夹持刀具进行切削的主轴,所以制造难度也比转塔刀架低,主要用于无机械手换刀方式的小型加工中心。无机械手的换刀系统一般是把刀库放在主轴箱可以运动到的位置,或使整个刀库或某一刀位能移动到主轴箱可以到达的位置,同时,刀库中刀具的存放方向一般与主轴上的装刀方向一致。换刀时,由主轴运动到刀库上的换刀位置,利用主轴直接取走或放回刀具。图 3-5 所示是一种卧式加工中心无机械手换刀系统。这种换刀机构不需要机械手,结构简单、紧凑。由于交换刀具时机床不工作,所以不会影响加工精度,但影响机床的生产率。其次,受刀库尺寸限制,装刀数量不能太多。这种换刀方式常用于小型加工中心。这种刀库的驱动是由伺服电动机经齿轮、蜗杆蜗轮副来实现的。为了消除齿侧间隙而采用双片齿轮;采用单头双导程蜗杆以消除蜗杆蜗轮啮合间隙;压盖和轴承套之间用螺纹连接,转动轴承套就可使蜗杆轴向移动而调整间隙,螺母用于在调整后锁紧,刀库的最大转角为 180°,控制系统中有一个自动判别机能,

数控机床装调

图 3-5　一种卧式加工中心无机械手换刀系统

决定了刀库的正反转，以使转角最小；刀库及转位机构装在一个箱体内，用滚动导轨支承在立柱顶部，用油缸驱动箱体的前移和后退。

　　数控车床上的转位刀架是一种刀具存储装置，可以同时存储 4、6、8、12 把刀具不等，是数控车床中的一种专用自动化机械。图 3-6、图 3-7 所示的分别为四工位、八工位转位刀架，分别可存储 4 把刀和 8 把刀。转位刀架不但可以存储刀具，而且在切削时可连同刀具一起承受切削力，在加工过程中要完成刀具交换转位、定位夹紧等动作。

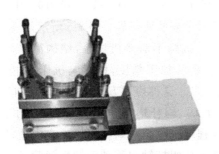

图 3-6　四工位转位刀架

图 3-7　八工位转位刀架

知识点 2　弧面分度凸轮刀库机械手的设计与计算机模拟

随着计算机辅助制造(CAM)技术的发展,数控机床特别是五轴联动数控机床越来越多地应用于生产实践,如在主轴联动数控机床上应用范成法制造弧面分度凸轮,即采用与滚子从动件曲面几何特征参数一致的刀具使刀具主轴的运动与滚子的运动轨迹重合,按范成法进行凸轮廓面的加工。

弧面分度凸轮机构(见图 3-8)是具有间歇转位或步进输送的多工位自动机械的关键基础部件。它由一个带凸脊的空间凸轮和一个在径向放射状等距地装有滚子的转盘组成,具有结构简单、分度速度快、定位精度高、承载能力大、使用寿命长、对制造误差适应性强、依赖多轴联动机床制造、工艺简单等特点。通过调整凸轮轴和转盘中心距使机构在停留区和分度区都保持预紧,消除传动间隙,从而使机构分度精度高,冲击振动小,运动平稳。当分度盘在运动停歇时,其上相邻两个滚子跨骑在凸轮的凸脊上,定位准确可靠。改变凸轮的分度角以调整动停比,很容易满足停歇运动阶段所需要的时间。弧面分度凸轮已成为间歇和步进机构的一个发展方向。鉴于此,弧面凸轮(globoidal cam)在数控机床上的刀库分度机构中具有良好的应用前景。

图 3-8　弧面分度凸轮机构

1—滚子;2—凸轮;3—凸轮轴;4—分度盘;5—分度盘轴

弧面凸轮廓面是不可展开的异型功能曲面,它的设计和制造比较复杂。由于凸轮廓面和从动件滚子表面是一对共轭啮合曲面,所以一般情况下,对共轭曲面的加工按共轭方式进行,即刀具与工件按给定的共轭运动关系进行相对运动,刀具曲面在相对运动中包络加工出圆柱凸轮廓面。又由于以线接触方式加工,即在加工过程中以线接触成形,如圆柱周铣、圆锥周铣、棒形磨削、砂带磨削等,在加工过程中,切削处的切削速度较高,可获得较高的加工精度。同时,由于采用的是线接触成形方式,因而具有较高的加工效率,对制造误差适应性强,因利

用五轴联动机床制造,工艺相对简单,给定圆柱凸轮曲运动规律,就可使分度盘按设计者的意图实现所需要的运动。常见的凸轮运动规律有抛物线-直线-抛物线规律、简谐-直线-简谐规律、改进梯形加速度规律、改进正弦加速度规律等。TH6340 交换台卧式加工中心选取以改进正弦加速度运动规律为分度盘(即刀库)运动规律。

1. 设计的总体思路

1) 刀库参数的确定

根据当时市场调研的结果,确定刀库容量为 24 把,刀柄为 ISO40,采用圆盘形布置,成本价控制在 3 万元左右。传动链采用普通电动机驱动柱面分度机构来实现分度,以代替伺服电动机驱动,节省了成本。

2) 圆柱分度凸轮廓面方程和啮合方程的建立

圆柱分度凸轮机构的工作轮廓是空间不可展曲面,难以进行测绘制图,更不能用展开成平面廓线的办法设计,一般按照空间包络曲面的共轭原理进行设计计算。在分析空间啮合原理的基础上,通过坐标变换法建立圆柱分度凸轮工作廓面方程。各坐标系的建立如图 3-9 所示,各坐标系的说明见表 3-1。

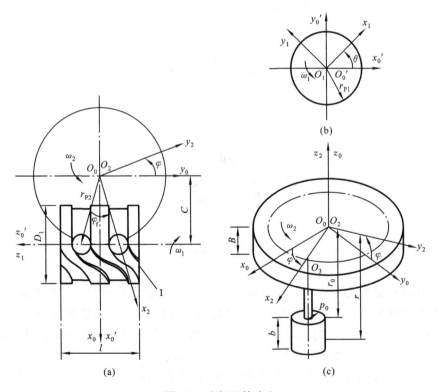

图 3-9 坐标系的建立

表 3-1　坐标系的建立

坐标系	坐标原点	x 轴	y 轴	z 轴
转盘固定坐标系 $S_0:O_0 x_0 y_0 z_0$	原点 O_0 即转盘上端面中心	依右手定则,由 y_0 轴、z_0 轴决定	y_0 轴与凸轮中心轴线平行	z_0 轴即转盘的回转轴
凸轮固定坐标系 $S'_0:O'_0 x'_0 y'_0 z'_0$	原点 O'_0 即凸轮中心	x'_0 轴与 x_0 轴平行并同向	依右手定则,由 x'_0 轴、z'_0 轴决定	z'_0 轴即凸轮的回转轴
凸轮旋转坐标系 $S_1:O_1 x_1 y_1 z_1$	原点 O_1 即凸轮中心,与 O'_0 重合	x_1 与 x'_0 轴的夹角为凸轮的转角 θ	依右手定则,由 x_1 轴、z_1 轴决定	z_1 轴即凸轮的回转轴,与 z'_0 轴重合
转盘旋转坐标系 $S_2:O_2 x_2 y_2 z_2$	原点 O_2 与 O_0 重合	x_2 与 x_0 轴的夹角为凸轮的转角 φ	依右手定则,由 x_2 轴、z_2 轴决定	z_2 轴与 z_0 轴重合并同向

（1）廓面方程为

$$
\begin{cases}
x_1 = x_2\cos\varphi\cos\theta + py_2\cos\theta\sin\varphi - C\cos\theta + (z_2+A)\sin\theta \\
y_1 = -x_2\cos\varphi\sin\theta - py_2\sin\varphi\sin\theta + C\sin\theta + (z_2+A)\cos\theta \\
z_1 = px_2\sin\varphi - y_2\cos\varphi
\end{cases}
\tag{3-1}
$$

$$
\begin{cases}
x_2 = r_{p2} + r_0\cos\beta \\
y_2 = r_0\sin\beta \\
z_2 = -r
\end{cases}
\tag{3-2}
$$

（2）啮合方程为

$$
\operatorname{ctan}\beta = \pm\left[\frac{r_{p2}}{(A-r)\cos\varphi}\cdot\frac{\omega_2}{\omega_1} - \tan\varphi\right]
\tag{3-3}
$$

式(3-3)中,凸轮左旋取正号,凸轮右旋取负号;弧面分度凸轮机构的压力角方程为

$$
\alpha = \arctan\left|\frac{r}{r\cos\varphi - C}\cdot\frac{\omega_2}{\omega_1}\right|
\tag{3-4}
$$

$$
\varphi = \varphi_i - \varphi_0
\tag{3-5}
$$

（3）啮合重叠系数　为了避免由于制造和安装误差等影响而发生凸轮廓线与转盘滚子啮合中断的现象,保证传动连续,必须保证在一个滚子脱离前,另一个相邻的滚子已进入啮合。将分度期间凸轮两条同侧线同时推动两个滚子的时间与凸轮的分度时间之比加 1 定义为啮合重叠系数,记为 ε ,即

$$
\varepsilon = 1 + \theta_\varepsilon/\theta_f
\tag{3-6}
$$

式中:θ_ε——两条同侧廓线同时推动二个滚子过程中的凸轮转角。其中,凸轮 z'_0 轴线与转盘轴线间的垂直距离称为中心距 C,凸轮 z'_0 轴与转盘基准面 $x_0 O_0 y_0$ 之间的垂直距离称为基距 A,其他字符的含义见表 3-2 和表 3-3。

（4）运动规律　采用正弦加速度运动规律。

2. 圆柱凸轮的设计

在 TH6340 型交换台卧式加工中心弧面中，凸轮连续转动，转速 $n = 100$ r/min，分度盘实现 24 个工位分度，中心距 $C = 180$ mm。凸轮的运动参数和几何参数详见表 3-2 和表 3-3。

表 3-2　圆柱凸轮的主要运动参数

序号	运动参数	单位	计算结果或实验数据
1	凸轮角速度 ω_2	s^{-1}	$\omega_2 = 10\pi/3$
2	凸轮分度期转角 θ_f	rad	$\theta_f = 250° = 25\pi/18$
3	凸轮停歇期转角 θ_d	rad	$\theta_d = 110° = 11\pi/18$
4	凸轮角位移 θ	rad	——
5	凸轮和转盘的分度期时间 t_f	s	$t_f = \theta_f/\omega_2 = 5/12$
6	凸轮和转盘停歇期时间 t_d	s	$t_d = \theta_d/\omega_2 = 11/60$
7	凸轮分度廓线旋向及旋向系数 p		左旋 $p = +1$
8	凸轮分度廓线头数 H		$H = 1$
9	转盘分度数 I		$I = 24$
10	转盘滚子数 z		$z = 24$
11	转盘分度期运动规律		正弦加速度运动规律
12	转盘分度期转位角	rad	$\varphi_f = 2\pi/24 = \pi/12$
13	转盘分度期的角位移 φ_i	rad	$\varphi_i = \varphi_f S = \dfrac{\pi}{12}\left(t - \dfrac{1}{2\pi}\sin 2\pi t\right)$
14	转盘分度期的角速度	rad	$\omega_2 = \dfrac{\varphi_f V}{t_f} = \dfrac{\pi}{5}(1 - \cos 2\pi t)$
15	分度期转盘与凸轮角速度比		$\dfrac{\omega_2}{\omega_1} = \dfrac{\varphi_f V}{\theta_f} = \dfrac{3}{50}(1 - \cos 2\pi t)$

表 3-3　圆柱凸轮的主要几何参数

序号	几何参数	单位	计算结果或实验数据
1	中心距 C	mm	180
2	基距 A	mm	72
3	许用压力角 α_p	(°)	30
4	转盘节圆直径 r_{p2}	mm	$r_{p2} = \dfrac{2C}{1 + \cos(\varphi_f/2)} = 180.78$
5	凸轮节圆直径 r_{p1}	mm	$r_{p1} \geq \dfrac{(\omega_2/\omega_1) r_{p2}}{\tan(\alpha_p)}$ 取 $r_{p1} = 43$
6	滚子中心角 φ_z	(°)	$\varphi_z = 360°/24 = 15°$

续表

序号	几何参数	单位	计算结果或实验数据
7	滚子半径 ρ_0	mm	$\rho_0 = (0.4 \sim 0.6)xr_{p2}\sin(\pi/24)$， 取 $\rho_0 = 11 = 10.4 \sim 15.6$
8	滚子宽度 b	mm	$b = (1.0 \sim 1.4)\rho_0$，取 $b = 12$
9	间隙 e	mm	$e = 2$
10	凸轮定位环面两侧夹角 φ	(°)	圆柱滚子 $\varphi = 0$
11	凸轮定位环面径向深度 h	mm	$h = b + e = 14$
12	凸轮定位环面外圆直径 D_0	mm	$D_0 = 2r_{p1} + b = 98$
13	凸轮定位环面内圆直径 D_1	mm	$D_1 = D_0 - 2h = 70$
14	凸轮有效宽度 B	mm	$2r_{p2}\sin\left(\dfrac{\varphi_t}{2}\right) \leqslant B \leqslant 2r_{p2}\sin\left(\dfrac{\varphi_t}{2}\right) + 2\rho_0$， 取 $B = 90$
15	转盘的外圆直径	mm	$D_2 \geqslant 2r_{p2} + 2\rho_0$，取 $D_2 = 400$
16	转盘基准到滚子宽度 中点的轴向距离	mm	$r = A - r_{p1} = 29$
17	转盘基准到滚子转盘 上端面的轴向距离	mm	$r_0 = r - b/2 = 23$
18	转盘基准到滚子转盘 下端面的轴向距离	mm	$r_b = r + b/2 = 35$

3. 基于 PRO/E 的圆柱凸轮的三维实体建模

按照范成法原理，运用 PRO/E 变截面扫描特征，在凸轮胚体上使模拟的刀具截面按式(3-1)所指定的轨迹进行变截面切割扫描，就可以很方便地加工出圆柱凸轮。建模步骤如下。

(1) 创建名为"cycam. prt"的零件文件。

(2) 编辑程序，实现参数化设计。依次选择[tools]/[program]/[edit design]等命令，将编辑好的程序输入记事本，实现参数化设计。

(3) 创建凸轮的外形轮廓及内孔键槽等。

(4) 凸轮轮槽的创建。通过轮廓面方程(3-1)(3-2)及啮合方程(3-3)来建立曲面方程组。依次选择[～]/[From Equation]/[Done]/[　PRT_CSYS_DEF]/[Cartesian]等，在"rel. ptd-记事本"中输入相关的参数及曲线方程(见图 3-10)。完成基准曲线建立后，再依次选择[　]/刚建立的基准曲线[～Curve id 2962]/[￐]/[￈]/[　]绘制凸轮槽的截面图，并进行实体切割，然后改变啮合方程，重复上述步骤，就可以生成完整的如图 3-11 所示的凸轮机构。

图 3-10　基准曲线生成界面　　　　图 3-11　刀库圆柱凸轮机构

4. 刀库结构

刀库结构的传动链如图 3-12 所示:普通电动机 1 通过联轴杆 3 带动弧面圆柱凸轮 6 旋转,然后驱动刀盘上的滚子 5,实现刀盘 4 的分度选刀。滚子在刀盘上沿圆周均匀布置,滚子的数目与刀库的容刀量是相等的。刀库的选刀与记数是通过检测凸轮 7 与信号开关 9 来联合完成的。检测凸轮 7 用于传递转动信号及检测刀库的正反转。刀套的抬起与放下采用气压源带动连杆机构来实现,同时可以节省安装空间。

弧面分度凸轮刀库机械手的完整装配图如图 3-13 所示。

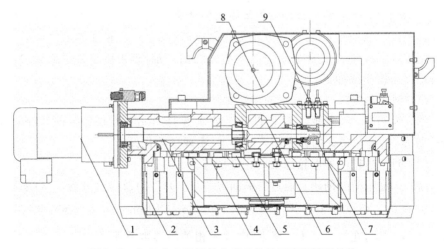

图 3-12　加工中心用圆柱分度凸轮的刀库机械手结构

1—普通电动机;2—刀套;3—联轴杆;4—刀盘;5—滚子;6—弧面圆柱凸轮;
7—检测凸轮;8—凸轮机械手;9—信号开关

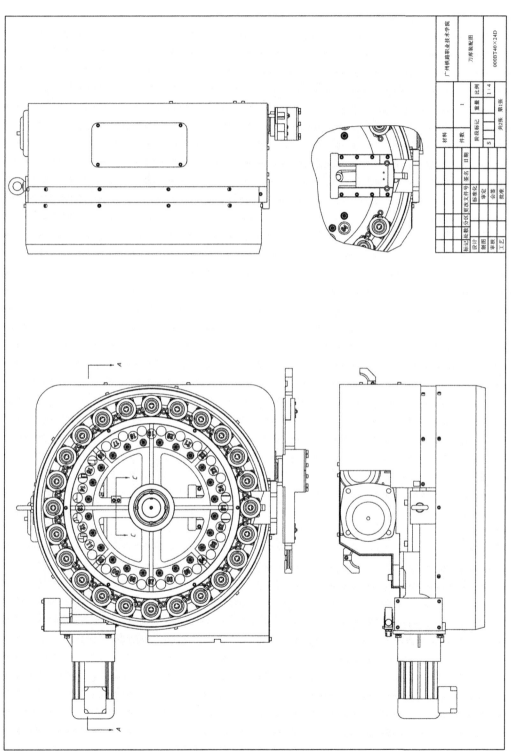

图 3-13　弧面分度凸轮刀库机械手装配图

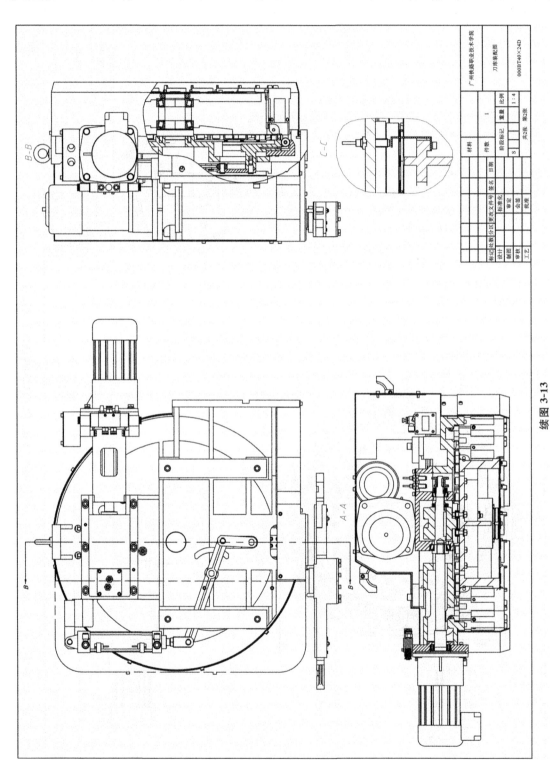

B-B

C-C

A-A

B-B

广州铁路职业技术学院

刀库装配图

000BT40×24D

				材料		件数		比例
						1		1：4
							阶段标记	重量
						S		
标记	处数	分区	更改文件号	签名	日期			
设计				标准化			共2张	第2张
制图				审定				
审核				会签				
工艺				批准				

续图 3-13

知识点 3 圆盘型刀库的装配与检测

刀库装调最重要的问题是要保证它的工作可靠性,其次是要保证它的换刀快速性。

1. TH6340 型交换台卧式加工中心可靠性的保证

(1)根据刀具在卧式加工中心刀库中存放的受力特点,有针对性地设计了可靠的刀具夹持装置,并在刀具装置中设有自动锁紧装置,保证了刀具不掉刀。

(2)刀具选择采用伺服电动机驱动刀库运动进行粗定位、机械销精定位方式保证了换刀位置的准确性。

(3)拔刀、插刀采用液压油缸,运动平稳,动作可靠。

(4)在刀库的换刀位置,设有光电传感器来检查换刀时在刀库的换刀位置有无刀具,以防止机床误动作发生。

(5)刀库的回零开关,拔刀、插刀到位信号装置,结构新颖,安装调试方便,维修方便。

(6)利用机械手(或无机械手),配合伺服电动机驱动刀库运动,因而使机床换刀快捷、简单。

刀库、机械手、主轴是在几个场所不同步地装配起来的,甚至是不同厂商的产品,又要把它们安装在同一个机体上(如立柱)来共同完成一个动作:换刀。加工中心的换刀动作是一个比较复杂的动作,因此,它们之间的相互位置关系就很重要,稍有误差,就会造成不能完成拔、插刀动作或磕碰掉刀,造成损失。换刀动作的调试主要是协调机械手、刀库和主轴头三者之间的动作、位置关系。为此,在刀库、机械手的安装基准面上都设计了调整补偿环节,有误差时可调整机械手的行程,移动机械手支座和刀库位置等,必要时还可以修改换刀位置点的设定(改变数控系统内与换刀位置有关的 PLC 整定参数)。

2. 圆盘型刀库的具体装配与检测步骤

(1)按装配图所示装配关系,将刀库、机械手先在外围组装好,或利用供应商所提供的完整部件,检查螺孔及安装位置正确后,将其用螺栓安装在立柱上,但不定位。

(2)检查刀套翻下、回位、机械手转位、拔刀插刀有关动作能否正确实现,如不能正确实现,要返修调整。

(3)设计一套专用的工艺装备:两个 7:24 锥柄套,两个模拟刀柄卡槽的卡槽套,有相同的配合孔,配合孔的精度为 H7 级。如图 3-14 所示的专用工具,使用时将锥柄套上拉钉后分别置于主轴锥孔和刀库刀套内,把卡槽套分别置于机械手的两个手爪内,在机械手执行换刀动作时停下来,分别用标准量棒穿入卡槽套和锥柄套,能顺利穿入,没有任何磕碰、阻滞为合格。否则,松开刀库与立柱间的紧固螺栓,通过腰形孔,重新调整相互位置,直至合格为止,然后拧紧螺栓。最

后在刀库、机械手基体上打定位销定位,紧固螺栓。

(4) 在刀库、机械手初调满意,但主轴准停位置不太合适的情况下,允许通过修改 PLC 参数来改变换刀参考点的位置。调整好后要注意保存相关参数。

(5) 将整个系统调整好后,将动作指令传感器、行程开关等调到相应位置,并紧固螺钉,将元器件固定准确。

图 3-14   在刀库、机械手、主轴之间进行位置调试的专用工具

实训项目   四工位转位刀架的装配与检测

1. 操作仪器与设备

(1) 转位刀架一台。

(2) 弧面分度凸轮刀库一台。

(3) 机械手一套。

(4) 活动扳手两个。

(5) 木柄螺丝刀两个。

(6) 内六角扳手一套。

2. 实际操作

(1) 拆装一个四工位或六工位的转位刀架,了解其内部结构;仔细观察刀具位置与分度定位机构之间的关系,并测绘典型零件(测量工具见表 3-4,拆装步骤见表 3-5)。

(2) 拆装弧面分度凸轮刀库机械手,了解转位定位机构的工作原理,以及刀具在刀库中的安装基准或固定方法,并测绘典型零件。

(3) 拆装任一种换刀机械手,掌握它的工作原理和工作过程,并测绘典型零件。

表 3-4   立式四工位刀架拆装工具

序号	1	2	3	4
名称	内六角扳手一套	大一字旋具	小一字旋具	木锤 7 磅
数量与型号	1 套(1.5～14 mm)	1 把	1 把	1 把
用途	用于拆装刀架相关内六角螺钉	用于拆装刀架相关螺钉	用于拆装刀架相关螺钉	用于拆装刀架辅助锤

续表

工具图片	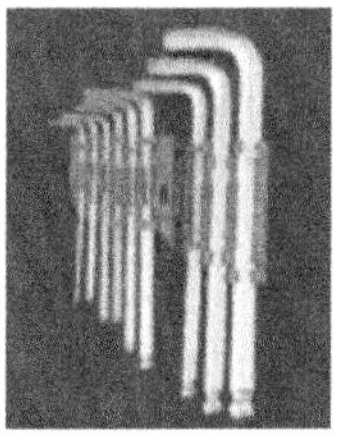		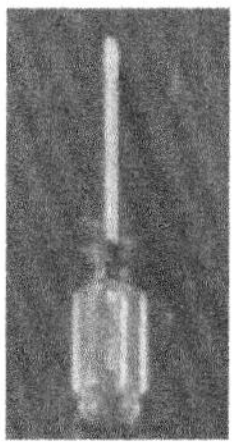	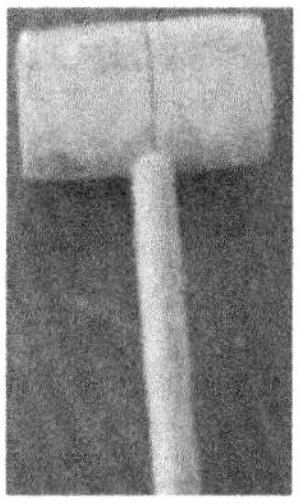
序号	5	6	7	8
名称	铁锤（5磅）	沟槽扳手	电烙铁（220 V 50 W）	焊锡丝
数量与型号	1把	1把	1把	1卷
用途	用于拆装刀架辅助锤	用于拆装刀架相关沟槽螺钉	用于拆装发信盘信号线	用于拆装刀架信号线
工具图片	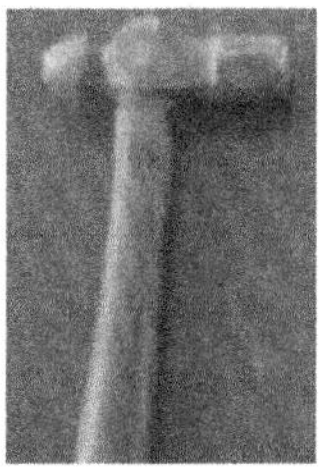	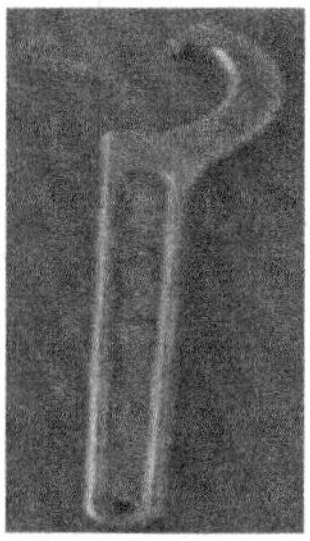		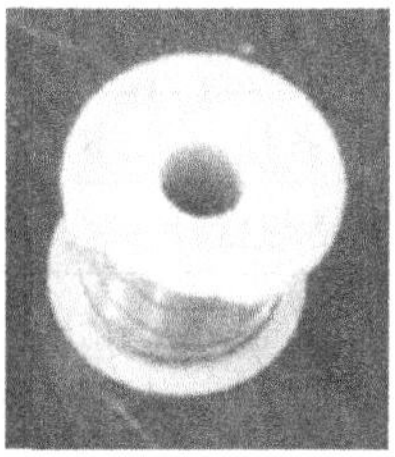
序号	9	10	11	12
名称	尖嘴钳	老虎钳	内卡簧钳	外卡簧钳
数量与型号	1把	1把	1把	1把
用途	用于拆装刀架键销	用于拆装刀架键、销、螺钉等	用于拆装刀架蜗杆卡簧	用于拆装刀架蜗杆卡簧
工具图片	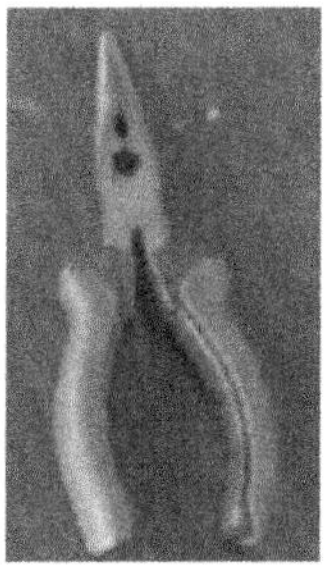	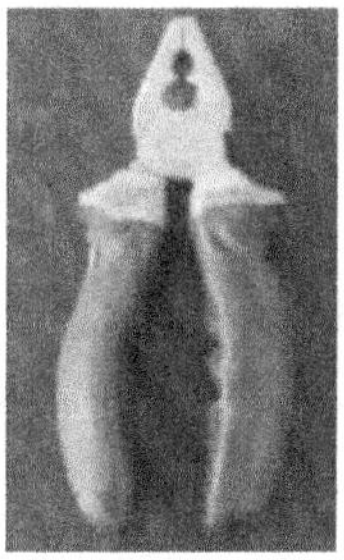	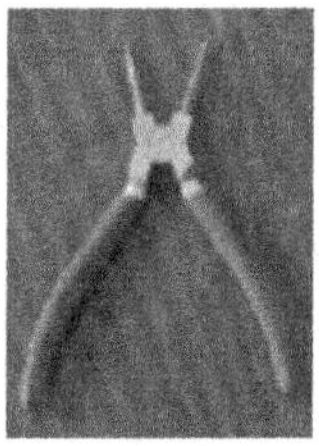	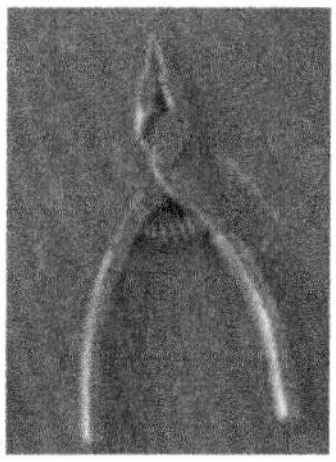

序号	13	14	15	16
名称	轴承安装套筒	小三角锉刀	小平板锉刀	平板锉刀
数量与型号	2个	1把	1把	1把
用途	用于安装刀架蜗轮和蜗杆轴承	用于修整刀架部件毛刺	用于修整刀架部件毛刺	用于修整刀架部件毛刺
工具图片				

序号	17	18	19	
名称	木垫块	煤油或者柴油	润滑油	
数量与型号	2块	3 kg	1袋	
用途	用于刀架拆装	用于清洗刀架脏污	用于安装轴承和反靠销润滑	
工具图片				

表 3-5 立式四工位刀架拆装步骤

序号	1	2	3
装配图片	第一步:两销对准两孔,安装初定位盘。	第二步:只能使用木锤或胶锤打紧定位盘。	第三步:用内六角扳手拧紧四螺钉。

续表

序号	4	5	6
装配图片	 第四步：检查螺钉是否拧紧，若没拧紧会引起刀架定位不准或出现异常情况。	 第五步：平面轴承分大小孔，要分清内孔较小的在轴里面。	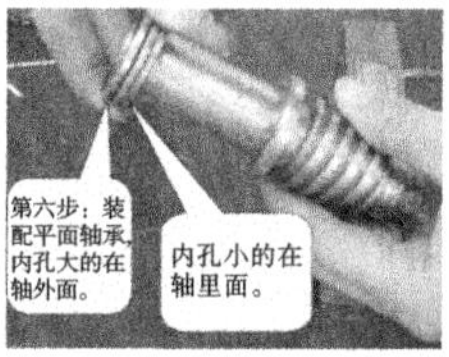 第六步：装配平面轴承，内孔大的在轴外面。 内孔小的在轴里面。

序号	7	8	9
装配图片	 第七步：在钢珠盘两边适当加黄油。	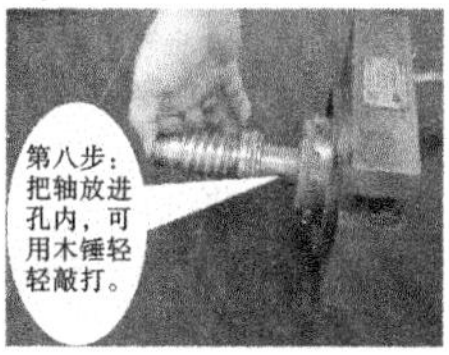 第八步：把轴放进孔内，可用木锤轻轻敲打。	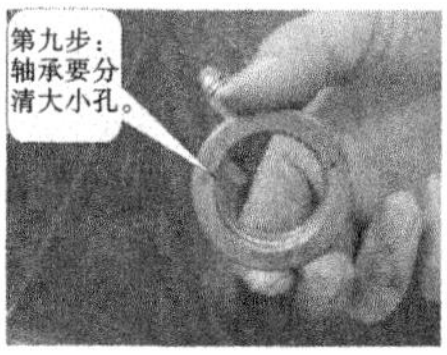 第九步：轴承要分清大小孔。

序号	10	11	12
装配图片	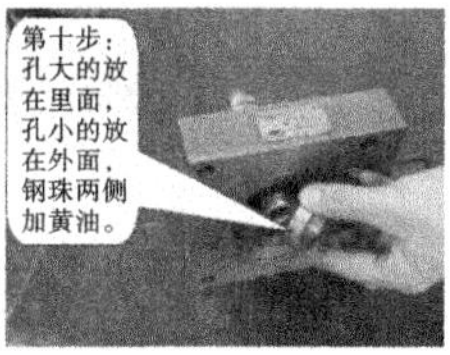 第十步：孔大的放在里面，孔小的放在外面，钢珠两侧加黄油。	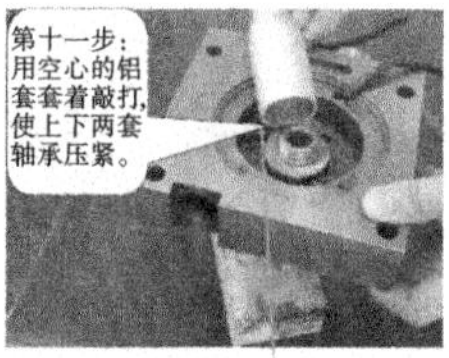 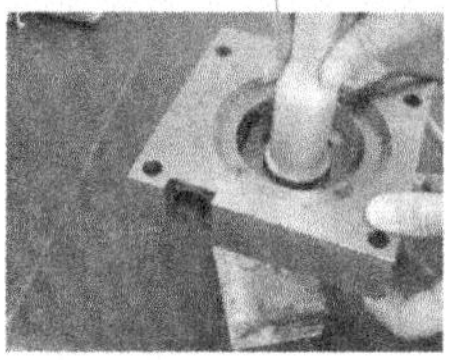 第十一步：用空心的铝套套着敲打，使上下两套轴承压紧。	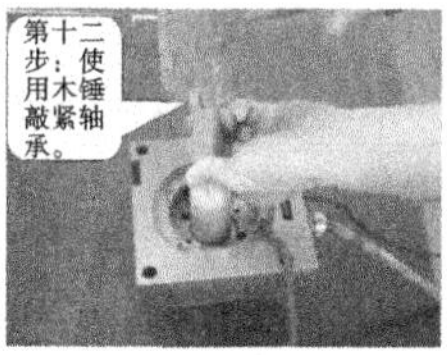 第十二步：使用木锤敲紧轴承。

序号	13	14	15
装配图片	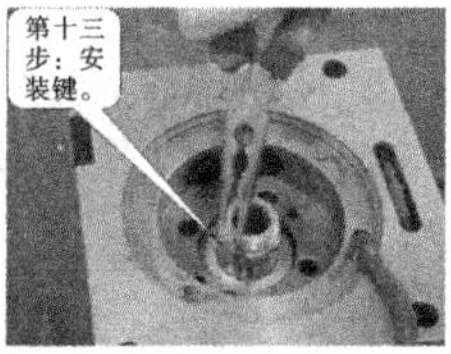 第十三步：安装键。	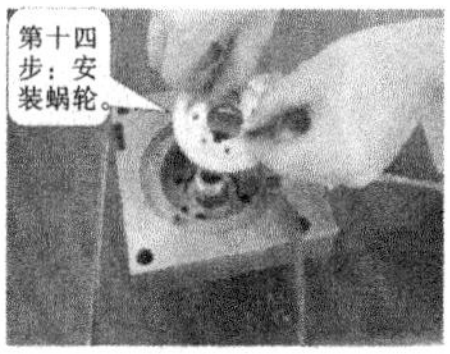 第十四步：安装蜗轮。	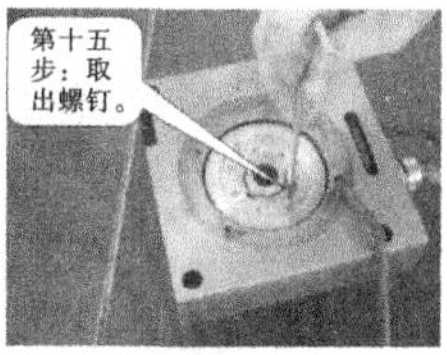 第十五步：取出螺钉。

序号	16	17	18
装配图片	 第十六步：用铝套套着，把蜗轮敲紧。	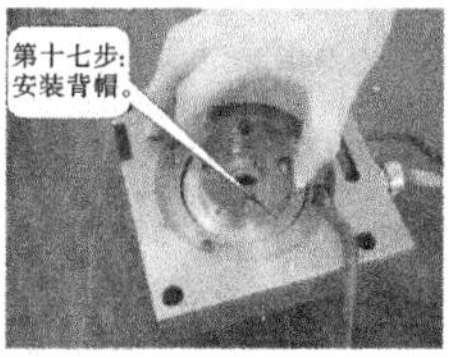 第十七步：安装背帽。	 第十八步：敲紧背帽，并使其上的一个孔对准下面的螺钉孔。

续表

序号	19	20	21
装配图片	第十九步：安装一个螺钉并拧紧。	第二十步：将信号线穿过底盘的孔。	第二十一步：安装底盘并拧紧四个内六角螺钉。

序号	22	23	24
装配图片	第二十二步：将信号线从中间孔穿过并使其不外露。	第二十三步：确定蜗杆和轴承安装位置。	第二十四步：将轴承、垫圈依次放入轴承孔内。

序号	25	26	27
装配图片	第二十五步：安装四个胶圈。	第二十六步：将信号线放入电动机座中间孔内。	第二十七步：安装好电动机座并拧紧四个螺钉。

序号	28	29	30
装配图片	第二十八步：把蜗杆放进孔内，放进去时要对准里面的轴承孔。	第二十九步：使用铁棍垫着用铁锤敲打蜗杆中心，不可敲打轴承。	第三十步：敲打到底部，不可用力过大，用力过大会打坏另一头的轴承。

序号	31	32	33
装配图片	第三十一步：把堵块放进孔内，有螺钉孔的一面朝外。	第三十二步：用铁棒轻轻敲打，不能敲打中间的螺钉孔。	第三十三步：安装法兰盘，要注意板上的孔的位置和板的长度一致。

序号	34	35	36
装配图片	第三十四步：安装法兰盘上的四个螺钉。	第三十五步：把中间的调节螺钉轻轻拧紧即可。	第三十六步：拧下四个螺钉，拆下电动机座。

续表

序号	37	38	39
装配图片	 第三十七步：安装键。	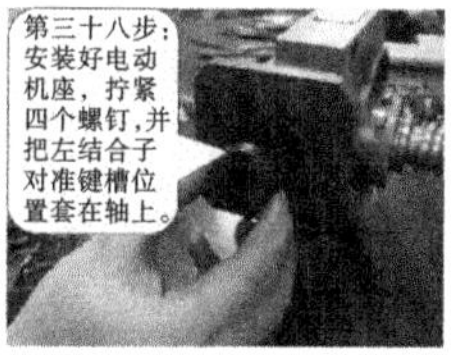 第三十八步：安装好电动机座，拧紧四个螺钉，并把左结合子对准键槽位置套在轴上。	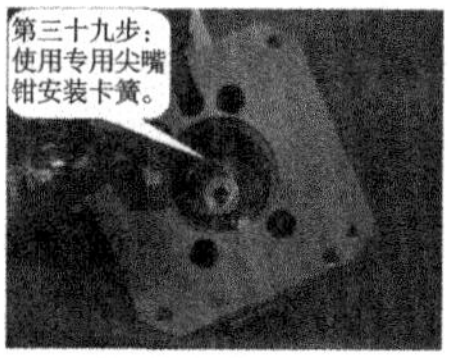 第三十九步：使用专用尖嘴钳安装卡簧。
序号	40	41	42
装配图片	 第四十步：找到电动机与电动机座。	 第四十一步：安装电动机，拧紧螺钉。	  第四十二步：对准两定位销与孔的位置，上安装上齿盘。
序号	43	44	45
装配图片	 第四十三步：安装螺钉，将其固定。	 第四十四步：翻转方刀拾。	 第四十五步：将方刀台放在刀架底座上。
序号	46	47	48
装配图片	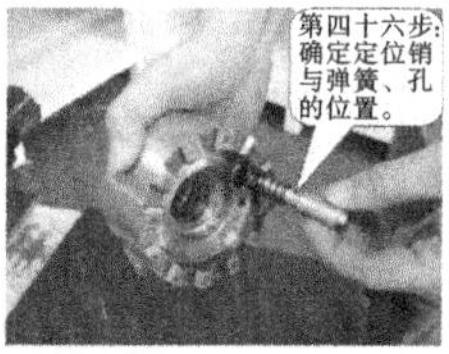 第四十六步：确定定位销与弹簧、孔的位置。	 第四十七步：为防止安装时定位销掉下，在定位销外涂些黄油。	 第四十八步：安装动齿盘，用手旋转至底部，注意盘的上、下部位。
序号	49	50	51
装配图片	 第四十九步：旋转动齿盘到底部时用手按住。再用内六角扳手拧电动机后部的内孔直到定位盘锁紧。	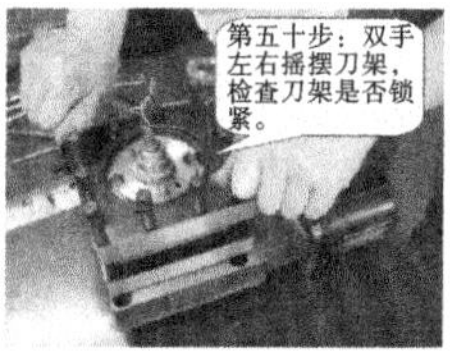 第五十步：双手左右摇摆刀架，检查刀架是否锁紧。	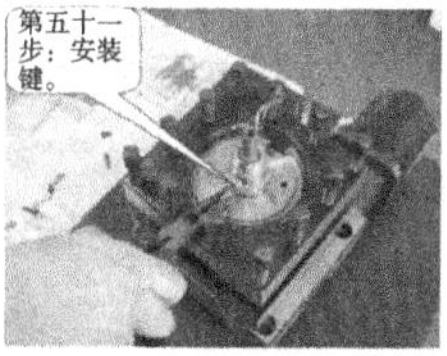 第五十一步：安装键。

续表

序号	52	53	54
装配图片	第五十二步：对准键槽位置，安装连动盘。	第五十三步：放入防松垫。	第五十四步：安装螺母。

序号	55	56	57
装配图片	第五十五步：使用沟槽扳手拧紧螺母。	第五十六步：用一字旋具撬起防松垫的一角与槽对应。	第五十七步：对准定位销，安装连接盘。两凸出的地方应对应下方两凹下的位置。

序号	58	59	60
装配图片	第五十八步：拧紧各螺钉，连接盘上两凸出的地方应对应下方两凹下的位置。	第五十九步：将信号线穿过发信盘中间的内孔。	第六十步：检查卡口的位置。

序号	61	62	63
装配图片	第六十一步：固定两螺钉。	第六十二步：用内六角扳手带动电动机，手动检查刀架作一周动作后是否正常转动。	第六十三步：将刀架归位并锁紧。

序号	64	65	66
装配图片	第六十四步：安装电动机线和地线。	第六十五步：安装电动机防护罩并拧紧螺钉。	第六十六步：正确焊好信号线。

序号	67		
装配图片	第六十七步：安装防护帽。		

3. 操作内容

（1）绘制转位刀架的结构原理图并测绘典型零件。

（2）绘制刀库的结构原理图并测绘典型零件。

（3）拆装机械手,绘制原理图并测绘典型零件。

（4）根据拆装的部件结构提出改进意见。

（5）根据图 3-13 所示,试分析弧面分度凸轮刀库机械手典型零件的几何要素、制造要素、装配要素及运动要素,并拆绘典型零件图。

数控工作台机械装调

任务 1 项目教学单元设计

【学习目标】

(1) 会选用典型零部件进行数控机床工作台的装配与调整。

(2) 能对工作台典型零部件进行测绘。

(3) 能用三维软件(如 PRO/E、UGS、AUTOCAD 等)对工作台进行模拟装配。

(4) 掌握轴承座、电动机座的装配与调试及精度检测方法。

【教学内容】

数控机床工作台部件和支承部件的认识与选用、鼠牙盘分度回转工作台的分度原理、端面分度齿轮的技术要求。

任务 2 项目内容设计

知识点 1 直线工作台及回转工作台结构

数控工作台是数控机床承载加工零件的平台,也是数控机床的一个进给运动部件。数控工作台能够执行某一个固定坐标轴的进给运动,如图 4-1 所示。将两个数控工作台组装在一起,可以构成 X-Y 工作台,实现两个坐标的定位和连续轨迹运动,如图 4-2 所示。数控工作台是由底座、导轨、滚珠丝杠副、电动机座、丝杠支承机构、拖板、行程开关、防护罩等部件组成的。要求数控工作台装配完成后运动平稳,拖板运行到不同位置时空载推动力一致,拖板移动的直线性、拖板平面与移动方向的平行度、拖板平面与底座底面的平行度,都必须符合规定的技术指标。

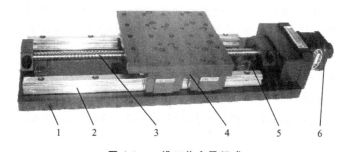

图 4-1　一维工作台及组成

1—底座;2—导轨;3—滚珠丝杠副;4—拖板;5—行程开关;6—电动机座

图 4-2　二维工作台

数控工作台用来承载工件,其刚性高低对工件的加工精度有直接影响。卧式加工中心工作台的内部,还设有工作台回转分度装置、工作台定位装置、夹紧装置和工作台分度、交换时的液压装置,其功能很多,结构很复杂。因此对工作台的设计,应充分考虑以下几个问题(本文以鼠牙盘分度回转工作台为例加以说明,如图 4-3 所示)。

图 4-3　鼠牙盘分度回转工作台

（1）提高工作台的自身刚度，可通过适当加大机床工作台的厚度来实现，使其具有足够的支承能力，防止自身变形。

（2）提高工作台部件的支承能力。为了做到这一点，可采取以下措施来保证。

① 采用固定式工作台部件，该部件与底座刚性相连，支承面积大。

② 工作台的分度与工作台的定位均采用鼠牙盘结构。与鼠牙盘接触的平面均采用刮研加工，接触刚性好。

③ 工作台的夹紧采用液压油缸，夹紧力稳定可靠。

④ 工作台的抬起落下，亦采用液压油缸，该油缸直径大，运动平稳。

（3）减少工作台回转运动链的误差。这对工作台顺利完成分度非常重要。在机床工作台的回转传动链中，除采用精度较高的蜗轮副、齿轮副外，还在蜗杆的轴向位置设有弹性装置。其目的一是为了消除传动链的间隙，二是保证工作台在抬起后再落下时平稳可靠。

（4）方便抬取回转零点信号、工作台抬起落下信号，同时便于维修。总结以往加工中心在工作台回转零点信号、工作台抬起落下信号的拾取与维修上，总有诸多不便之处，造成机床出故障后不能及时恢复正常，因此可将工作台零点信号、工作台抬起落下信号的拾取装置均设计在工作台的外部，这样不仅便于安装调试，而且方便维修。

无论是直线工作台，还是回转工作台，都是数控机床承载加工零件的工作平面。工作台的平面度是其他待检测精度的基准。工作台的几何精度、装配精度与运动精度取决于工作台各组成环节的精度。图 4-4 所示为直线工作台的示意图。

图 4-4　工作台工作平面示意图

知识点 2　回转工作台分度原理

鼠牙盘式分度回转工作台主要由工作台、夹紧油缸及鼠牙盘等零件组成，如图 4-5 所示。其中端面齿盘是关键部件，每个齿盘的端面均加工有相同数目的三角形齿，两个齿盘啮合时能自动确定周向和径向的相对位置。因此，端面齿加工水平的高低直接影响分度装置的精度，并最终对整机的加工精度产生相当大的影响。由此可见,鼠牙盘端面齿的加工极为关键和重要。事实上,鼠牙盘端面齿能确保加工中心、计算机数控车床(CNC)转塔刀架等多工序自动数控机床和其他分度设备的运行精度。

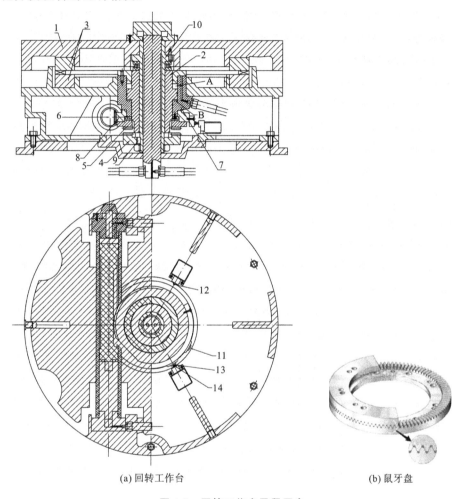

(a) 回转工作台　　　　　　　(b) 鼠牙盘

图 4-5　回转工作台及鼠牙盘

1—工作台台体;2—活塞;3—牙盘;4—下离合子;5—上离合子;6—活塞杆;

7—套筒;8—齿轮;9—键;10—空心轴;11、13—挡铁;12—终点开关;14—开关

图 4-5(a)所示回转工作台中,夹具安装在工作台台体 1 上,台体中央装有典型结构的液压夹紧分配器,工作台的定位靠一对牙盘 3 的啮合来实现。齿形一般是直线的,工作台的分度精度由牙盘本身的精度来保证。

图 4-5(b)所示为回转工作台牙盘,牙盘直径大小决定了工作台回转精度的高低和刚性强弱。图中螺纹孔是装配工艺用孔。装配时先装配好下牙盘,上牙盘(与工作台台面配合的牙盘)放在下牙盘上并作端面啮合;从台面上装螺钉临时紧固上牙盘,再将台面连同上牙盘一同吊起,翻过来从正面紧固牙盘。

牙盘定位齿的粗加工在伞齿刨床上完成,配对的牙盘要经过对研,对研的两个牙盘既做轴向啮合运动,又做相对转动,即上、下两个牙盘啮合一次,然后上牙盘抬起转动一个齿再啮合。对研时牙盘齿面涂研磨剂,分粗研和精研。粗研用100号金钢砂,精研用M28研磨膏,这样可以保证上牙盘的齿部与下牙盘的所有齿啮合,消除粗加工齿部时齿宽的厚薄不均状况。对研完成后用涂色法检查,当啮合齿数占总齿数和每一齿的啮合面积达到一定的百分比值时(高于85%),即达到标准。

工作台的分度原理:升降油缸的抬起腔 B 通压力油,活塞 2 向上移动,一方面将台体 1 抬起,上、下牙盘 3 脱开,另一方面将下离合子 4 抬起,与上离合子 5 啮合,当活塞 2 的端面碰到油缸上端盖时,抬起腔压力升高,打开液压系统中的程控阀(见图 4-6),转位油缸后腔通油,因其活塞杆 6 上铣有齿条,活塞杆移动时带动空套在套筒 7 上的齿轮 8 转动,通过牙嵌离合器和键 9 使空心轴 10 和台体 1 转动一个工位。当油缸行程到终点时,挡铁 11 压下终点开关 12,发出信号使换向阀的电磁铁通电,使升降油缸的夹紧腔 A 通压力油,工作台台体 1 落下,牙盘啮合定位、夹紧,牙嵌离合器打开,挡铁压合开关,发信号启动机床动力头的主轴电动机。当牙盘啮合后,A 腔压力升高打开程控阀,转位油缸返回原位,原位挡铁 13 压下开关 14,动力头快进。此时,由于离合器已打开,油缸返回时并不带

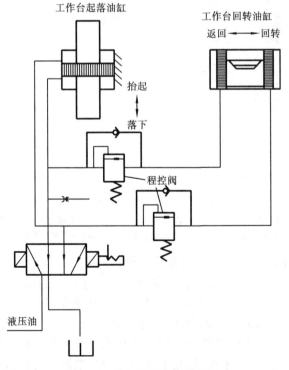

图 4-6　工作台液压传动系统

动工作台返回。

由于工作台回转部分的转动惯量很大,故在回转油缸前端的油缸盖上设有缓冲装置,被困在油缸盖上小腔内的油通过针阀起缓冲作用。当然也可以在液压系统中考虑设计缓冲装置。

上、下离合子 4、5 的齿数应与牙盘 3 的齿数相等或与工位数成倍数关系,这样下离合子离开返回原位后,才能保证下一次的啮合。

采用牙盘定位的回转工作台,由于靠圆周排列的多齿啮合定位,所以无论是受径向力、轴向力或切向力,它的定位刚性都很好。

牙盘的定位齿是沿圆周分布的,一对牙盘啮合时具有自动定心作用,所以回转轴的精度及其在使用中的磨损对定心精度几乎没有影响,这就使工作台不但容易得到高的定心精度,而且还能长久地保持高的定心精度。定心精度是直接影响分度精度的,这一点常常被人们所忽视,这就是一般反靠定位的回转工作台重复精度不高的原因。对于反靠定位的回转工作台,在两次定位中,定位块的定位条件相同,而仅仅是回转轴的间隙使工作台中心发生变化而产生分度误差,这样就进一步提高了反靠系统的分度精度,因此注意定位块的改进还是不够的。

采用牙盘定位,它的定位元件简单,而且容易获得并能长久保持高精度,这也是它受到人们重视的原因。在工位数多的情况下,这种定位机构结构简单,容易实现工作台的不等分度和工位数的变化的优点尤其突出。

为了满足抬起、分度、落下及紧固这一系列动作,对牙盘的技术要求有:上端面对中心孔的圆跳动、外圆对中心孔的圆跳动、牙盘相邻齿距误差与任意累积误差、材质(如 40Cr)及热处理(如齿部淬火 45～55HRC)均有较高要求。

知识点 3　直线进给工作台的装配与检测

数控工作台的装配精度牵涉整台机床的工作精度。数控工作台的装拆内容包括:拆装前、后的检查登记,轴承支座的安装,轴承座的安装,电动机底座的安装等。

1) 轴承支座的安装方法

如图 4-7 所示,十字交叉滚柱导轨副已安装在底座上,工作台已和十字交叉滚柱导轨副连接,并且导轨已预紧。螺母座已安装在工作台底面。将工装心轴 1 安装在螺母座中,通过螺钉和螺母座相连;将工装心轴 2 插入工装心轴 1 尾部的内孔中,工装心轴 2 上夹持杠杆百分表,百分表表头和轴承支座 A 面接触(轴承支座的 A 面和 B 面已刮至垂直),通过打表和刮修 A 面,最终校正 A 面圆跳动至 0.01 mm 以内,上紧轴承支座和底座间的螺钉,再打定位销。

2) 轴承座的安装方法

如图 4-8 所示,将轴承座用螺钉安装在轴承支座上(轴承座的安装基面和自身内孔的垂直度已通过机械加工达到 0.003 mm),工装心轴 2 上的杠杆百分表表头和轴承座内孔接触,通过打表找正内孔,最终校正内孔的圆跳动在 0.01 mm

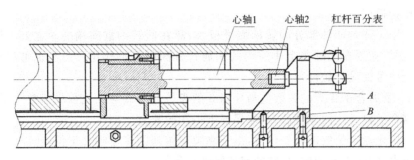

图 4-7　轴承支座安装图

以内,上紧轴承座和轴承支座间的螺钉,再打定位销。以上步骤保证了轴承座内孔和螺母座内孔的同轴度。

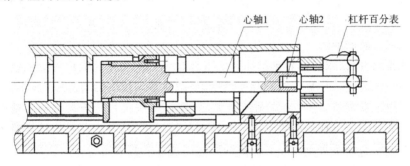

图 4-8　轴承座安装图

3)电动机底座的安装方法

如图 4-9 所示,首先拆去轴承座和轴承支座,再磨电动机底座下的垫板,使安装后的电动机底座内孔与螺母座中工装心轴 1 的轴线等高,使用杠杆百分表,通过打表、刮修 C 面(电动机底座的底面)和电动机底座右端面,最终校正电动机底座右端面圆跳动和电动机底座内孔圆跳动,使其值均在 0.01 mm 以内,上紧电动机底座、垫板和底座间的螺钉,再打定位销。以上步骤保证了螺母座内孔和轴承座内孔、电动机底座内孔的同轴度。

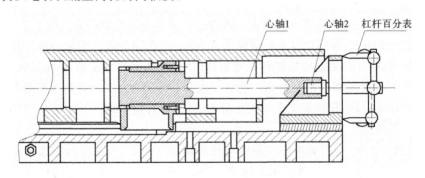

图 4-9　电动机底座安装图

实训项目 直线(回转)工作台的装配与检测

1. 操作仪器与设备

(1) 数控工作台一台。

(2) 鼠牙盘工作台一台。

(3) 端面分度齿盘一副。

(4) 液压站一个及相关元器件若干。

(5) 百分表及磁力表架一套。

(6) 检测平尺(300 mm)一只。

(7) 活动扳手两把。

(8) 木柄螺丝刀两把。

(9) 内六角扳手一套。

2. 实际操作

(1) 按照表 4-1"数控工作台拆装前后的精度"的有关规定,测定数控工作台的几何精度,并填入表格中。

表 4-1 数控工作台拆装前后的精度

序号	检查项目	拆卸前	装配后	备注
1	拖板平面与底座底面的平行度			
2	拖板移动的直线度			
3	拖板平面与运动方向的平行度			
4	滚珠丝杠与导轨的平行度			

(2) 按本项目所附装配图,测绘工作台的零件图。

(3) 清洗已经拆卸的各个部件,进行组装。

(4) 将滚珠丝杠组件安装在底座上,并检查丝杠与导轨的平行度(应达到拆卸前的精度值),然后安装驱动电动机,紧固联轴器。

(5) 分别按图 4-7、图 4-8、图 4-9 检测轴承支座、轴承座及电动机座的装配精度。

(6) 在底座上安装滚动导轨并检查安装精度(应达到拆卸前的精度值)。

3. 操作内容

(1) 测定数控工作台的几何精度,并填入表 4-1 中。

(2) 测量鼠牙盘的分度精度。

(3) 测绘鼠牙盘,并对鼠牙盘的材料及形位公差作详尽分析。

(4) 若条件许可,可用双频激光干涉仪测量鼠牙盘的分度精度。

(5) 绘制驱动鼠牙盘分度的液压管路图。

(6) 根据图 4-10 所示,试分析弧面分度凸轮刀库机械手典型零件的几何要素、制造要素、装配要素及运动要素,并拆绘典型零件图。

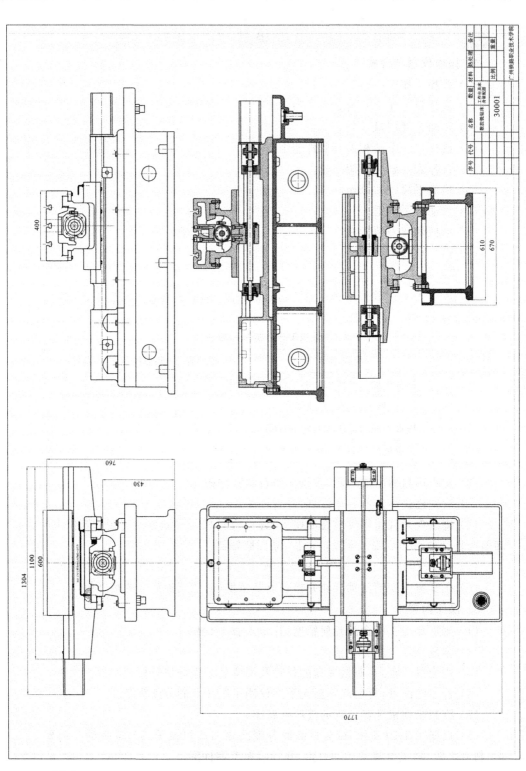

图 4-10　数控工作台装配图

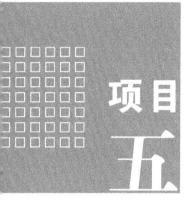

数控机床整机机械装调

任务 1　项目教学单元设计

【学习目标】

(1) 了解数控机床整机机械部分的组成及结构特点。

(2) 熟悉数控机床各个参数所代表的具体含义。

(3) 掌握数控机床整机功能布局、典型零部件的结构特点及工艺特点。

(4) 掌握数控机床整机的装配要点及精度检测要素。

【教学内容】

　　卧式加工中心整机组成及布局特点、机床主要零部件的设计及工艺特征、整机机械检测的主要几何精度。

任务 2　项目内容设计

知识点 1　加工中心整机组成及布局特点

　　本项目以 TH6340 型卧式加工中心(见图 5-1)为例来说明数控机床整机机械装调的程序及步骤。

　　TH6340 型卧式加工中心可满足轿车工业、摩托车工业大量的铝合金零件加工对加工中心高速度、高精度和高刚性的要求,由于其性能优越、技术参数合理、生产柔性大、安全防护性好并且工件经一次装夹,可以连续自动完成铣、钻、扩、铰、攻螺纹、镗等多种工序,能大大缩短机床辅助加工时间,提高生产率,因此广泛用于箱体零件及空间复杂零件的加工,是机械、电子、航空航天、船舶、轻工和

图 5-1   TH6340 型卧式加工中心

国防等行业的技术改造的重要设备。

1. 机床的主要组成及整体布局特点

该机床主要由底座(10 部)、立柱(20 部)、主轴箱(30 部)、工作台(11 部)、刀库(40 部)、液压系统(50 部)、自动排屑系统(60 部)、冷却冲屑系统(70 部)、液压与气动管路(80 部)、整体防护罩(TF 部)和电气控制箱(90 部)等组成。整体布局具有以下特点。

(1)机床整体布局采用整体床身、十字滑台、立柱移动的三坐标加工单元以及固定工作台结构的机电一体化布局,结构紧凑、占地面积小,并且这样的整体布局极易组成 FTL 柔性生产线。

(2)机床具有大流量冷却冲屑和自动排屑装置,排屑口位于机床的后侧,排屑方便。冷却流量大于 100 L/min(根据用户需求还可以调整)。

(3)机床采用整体防护,密封性好,不仅可以满足大流量冷却和冲屑的要求,而且在机床工作时可不污染环境。

(4)凸轮机械手、刀库位于主轴的左侧(面对机床观察)。刀库由伺服电动机结合弧面分度凸轮机构来驱动,机械精确定位,动作可靠,并且换刀动作由 PC 结合 NC 来实现,换刀时间短。

(5)机床采用集中按钮站操作,操作面板位于机床右侧的电气控制箱上,并且配有可移动的手摇脉冲发生器控制盒,操作方便。

(6)主轴箱设有液压平衡装置。

(7)机床三个进给方向的导轨均采用日本 THK 公司的滚动直线导轨。与滑动导轨相比,滚动直线导轨具有精度高,动、静摩擦系数小,精度保持性更高的特点,并且能大大改善机床的低速性能。

(8) 机床的三个进给方向的滚珠丝杠均采用进口滚珠丝杠,并且滚珠丝杠的支承方式采用了预拉伸结构,提高了机床的运动刚性。

(9) 机床的主轴轴承、丝杠支承轴承均采用世界名牌公司的产品,保证了机床的有关精度和机床的工作可靠性。

(10) 机床的液压系统设计讲究。液压元件、液压工作站均采用性能可靠的整套进口产品,保证了机床液压系统工作的可靠性。

(11) 机床所有外露走线、走管均精心布局,排列整齐,并且均有良好的防护装置。

(12) 机床主要大件均采用树脂砂造型,强度高,不加工表面平整。机械加工采用的是二次时效处理,可消除应力。

(13) 机床工作台采用鼠牙盘分度,鼠牙盘端面齿数为 144。

(14) 数控系统先进,且性能价格比高。

2. 机床主要技术参数

工作台面积	400 mm×400 mm
工作台最大承载重量	400 kg
工作台最小分度	2.5°
工作台分度时间	8 s/r
纵向行程	500 mm
横向行程	400 mm
垂向行程	400 mm
主轴中心至工作台面的距离	50~500 mm
主轴端面至工作台中心的距离	150~600 mm
主电动机功率	AC 5.5/7.5(30 min)kW
主轴锥孔序号	ISO No. 40
主轴转速范围	60~6 000 r/min
主轴变速级数	无级
切削进给速度(x、y、z)	1~10 000 mm/min
快速进给速度(x、y、z)	24 000 mm/min
进给电动机功率(x、y、z)	1.8 kW
刀库容量	24 把
刀柄规格	BT40
换刀方式	任选
平均换刀时间	4 s
最大刀具直径	100 mm

最大刀具长度	250 mm
最大刀具质量	8 kg
空气压力	5～6 kgf/cm^2(4.9×10^5～5.9×10^5 Pa)
机床最大轮廓尺寸(宽×长×高)	2 500 mm×4 474 mm×2 950 mm
机床质量	8 t

3. 机床主要部件结构

机床主要部件结构除了前面介绍过的主轴箱、立柱、工作台和刀库外,还包括以下功能部件。

1) 液压系统

本机床的液压系统是专门为机床完成各种液压动作而设置的,其主要特点如下。

(1) 整个液压系统采用集中液压站供油,由分立元件组成各种功能模块,油路单独控制,分立安装,调试方便,便于维修。

(2) 主轴箱平衡采用平衡阀来控制油路。

(3) 工作台托盘回转采用液压马达、快进和工进控制油路。

(4) 刀库的拔刀、插刀液压控制油路,工作台分度时的抬起落下控制油路,以及工作台的夹紧、松开控制油路,均采用减压阀和节流阀来控制油路的压力和流量。

(5) 在不便于从油缸外部拾取液压油缸动作信号的地方,均采用压力继电器拾取信号,从而使结构更简单。

(6) 所有液压油路标准统一,采用叠加式液压阀,安装调试、维修方便。

(7) 所有液压管接头统一采用卡套式,能有效防止液压管接头处的漏油。

2) 冷却系统

本机床的冷却系统主要是用来在机床切削时为机床提供足够的冷却液和冲屑液,同时把切屑聚集起来排出机床加工区域,在设计中采取了以下措施来保证其可靠性。

(1) 在结构上和布局上将冷却液箱和排屑装置设计为一体,放置在机床的后侧,排屑装置从机床后侧的底座下部预先留好的空当伸进机床底座前侧的排屑口处。这样的布局处理主要考虑:一是冷却系统占地面积小,有利于安装使用并便于保持区域的清洁,做到文明生产;二是有利于冷却液、冲屑液的回收;三是分别控制冷却液源、冲屑液源和排屑装置,有利于故障检查。

(2) 在工作台、交换工作台的周围和底座上部的四周都专门设计了回水槽,并且容积大。在底座的聚屑口处还设计有大斜面,目的是使回水流畅。

(3) 冷却液出水口设置在机床主轴的下方,共有四个出水口。冲屑液出水口设置在主轴的左、右前方的防护罩上。所有出水口均采用可调式卡扣软管,便于调整出水角度。

3）机床的防护部分

机床的防护分为三部分：一是整体防护，二是导轨防护，三是工作台交换装置的防护。整体防护的目的是为了防止机床切削过程中产生的切屑、飞溅的冷却液不污染机床操作区域，保障人身安全。导轨防护和工作台交换装置防护的目的是为了防止冷却液中的切屑进入导轨和工作台的定位机构，使机床产生故障。因此防护罩的设计，既要达到防护的目的，又要使机床美观，特点如下。

（1）整体防护罩采用整体框架焊接结构，整体支承在机床底座下，并与底座刚性连接。防护罩外形规整，刚性好。

（2）整体防护罩的前侧设有工作台交换时上、下开启的玻璃门，该门由气缸控制。左、右侧设有手动拉门，操作者可随时开启或关闭。后侧用钢板封闭，在其上设有液压控制阀和气动系统及其管路。后侧下部设有一个漏斗，漏斗的出口与排屑器紧密相连，可使飞溅到机床后侧的冷却液、切屑在此聚集并漏到排屑器上。

（3）所有开启的门缝处均设置了巧妙的结构，以防止冷却液溢出到整体防护罩外。同时门上的玻璃采用钢化玻璃，透明度高。玻璃与门框之间采用专用橡胶条密封，密封性好。

（4）在整体防护罩上部的四周设有走线管、槽，使机床管路整齐。

（5）机床三个进给方向的导轨均采用伸缩式不锈钢导轨防护罩。

（6）在工作台和工作台交换装置的四周，还设有圆形防护罩，能有效地防止冷却液和切屑进入工作台的定位机构、电气元件和液压元件，提高了机床的可靠性。

4）气动元件

本机床的气动元件系统主要有四个功能：其一，主轴换刀时，提供气源用来清洁刀柄；其二，在工作台分度时，提供气源用来清洁工作台定位用的鼠牙盘；其三，要交换工作台时，提供气源用来开启和关闭整体防护罩前侧的门，以满足工作台交换的要求；其四，在冷却液开启时，提供气源供给主轴前轴承，并封堵进入主轴前轴承的冷却液。因此，气动系统的可靠性至关重要。通常采取以下措施来保证气动系统的可靠性。

（1）气动三联件采用性能可靠的产品。

（2）将气动系统安装在机床整体防护罩后侧的墙板上，使安装、维护和观察方便。

（3）气动管路的管接头处一律采用卡套式结构，密封可靠。

5）机床的控制系统

本机床可以根据用户需要配备 FANUC OMC 系统、西门子820、840D 系统，甚至功能更全的数控系统。为了提高数控系统的性能价格比，减少一些不必要的功能，在满足机床性能的前提下，可对数控系统的选用进行优化，以利于进一步提高机床运动的可靠性，降低用户对机床的使用成本，具体做法如下。

（1）根据对卧式加工中心使用功能的分析，选择 FANUC OMD Ⅱ型系统作为控制主系统，选择 FANUC 两个单轴数控系统作为控制子系统，用 FANUC OMD Ⅱ型系统（即控制的主系统）来控制机床的三个坐标的运动。用 FANUC 两个单轴数控系统（即控制的子系统）分别控制刀库运动和工作台的回转运动。主系统与子系统相互协调工作，从而形成完整的控制系统。这样的组合属国内首创，实现了控制系统的优化。与 FANUC OMC 系统相比，具有 OMC 系统应有的全部功能，而且操作更简单，调试维护更方便。

（2）精心设计 PLC 软件，内容丰富，运行可靠，诊断能力更强。对机床关键部位的接近开关（如刀库、工作台、工作台交换装置等部位）及空气开关的故障均能诊断出来，并可及时将故障信息在显示器上显示出来，通知操作者。

（3）优选电气元件，合理布置操作面板。

知识点 2　主要支承件的加工及工艺特点

镗铣类数控机床的三个基本直线运动轴构成了空间直角坐标系的三个坐标轴，因此三个坐标轴应相互垂直，其几何精度均围绕着"垂直"和"平行"展开。其精度要求详见表 5-4。整机的运动精度取决于功能部件的装配精度，功能部件的装配精度取决于其组成零件的加工精度与几何精度。

1. 关键零部件的加工

1）主轴的加工

主轴选在机床制造专业厂加工，主轴材料选用 38CrMnAl 氮化磨削而成。采用二次时效处理，以最大限度地消除内应力。第一次时效处理在锻件成形之后、机加工之前进行；第二次时效处理在粗加工之后、精加工之前进行。由于该主轴的前、后轴颈处与主轴锥孔之间的同心度要求较高，达到 0.005 mm，并且这些部位本身又有较高的圆度、圆柱度要求，因此进行粗加工并进行氮化处理后，可经一次磨削而成。

2）机床主要支承大件的加工

TH6340 型卧式加工中心的支承大件用来安装滚动直线导轨和滚珠丝杠，具有较高的加工精度要求，因此也采用二次时效处理。导轨安装基面，滚珠丝杠支承座结合面均采用粗、精加工，分别精刨和精铣而成。

3）液压油缸和活塞的加工

本机床由于动作复杂，采用了较多的液压油缸和活塞，均采用磨削工艺来保证它们之间的配合。特别注意了密封油槽的加工，它是保证机床液压系统工作稳定的重要基础。

4）刀库刀爪的加工

刀库刀爪是夹持刀具的关键零件之一。除保证其本身的要求之外，还要保证 24 副刀爪加工的一致性，这样才能保证刀具在刀库中的定位准确。为此，设计了专用工装,经车削而成,以保证加工要求。

5)集成油路块的加工

集成油路块采用 45 钢,其油路孔的位置有一定的加工要求。在加工过程中要保证油路正确。为此,集成油路块采用磨削工艺加工,油路孔均采用数控钻床来保证其加工要求。

2.公差的基础知识与检测方法

1)公差

公差是限制尺寸、形状、位置和位移所不能超过的变动量,包括尺寸公差和形位公差。它们对保证产品的工作精度以及对工具、重要零部件和附件的安装都是必要的。《产品几何技术规范(GPS)几何公差的形状、方向、位置和跳动公差标注》(GB/T 1182—2008/ISO1101:2004)规定的形状公差、方向公差、位置公差及跳动公差如表 5-1 所示。

表 5-1 几何公差的几何特征及符号

公差类型	几何特征	符号	有无基准
形状公差	直线度	—	无
	平面度	▱	无
	圆度	○	无
	圆柱度	⌭	无
	线轮廓度	⌒	无
	面轮廓度	⌓	无
方向公差	平行度	//	有
	垂直度	⊥	有
	倾斜度	∠	有
	线轮廓度	⌒	有
	面轮廓度	⌓	有
位置公差	位置度	⊕	有或无
	同心度(用于中心点)	◎	有
	同轴度(用于轴线)	◎	有
	对称度	⹀	有
	线轮廓度	⌒	有
	面轮廓度	⌓	有
跳动公差	圆跳动	↗	有
	全跳动	⌰	有

对数控机床机械部分的装配、调试与检测而言,无论是工作台平面度的测量,还是各坐标轴内部零部件的平行度与垂直度检测、坐标轴之间的平行度与垂直度检测、主轴径向全跳动检测,都可归结为平行和垂直两个方向的检测,而垂直度的检测,其实质也是平行度的检测。基于此,本项目选取直线度检测、平面度检测、平行度检测来说明其定义及检测方法,具体见表5-2。

表 5-2 公差带的定义及检测方法

符号	公差带定义	检测方法
一	公差带为在给定平面内和给定方向上,间距等于公差值 t 的两条直线所限定的区域(见下图)。 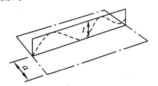 a 为任一距离。 公差带为间距等于公差值 t 的两平行平面所限定的区域(见下图)。 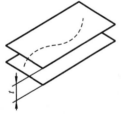 由于公差值前加注了符号 ϕ,公差带为直径等于公差值 ϕt 的圆柱面所限定的区域(见下图)。 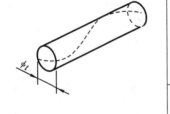	①用指示表和平尺检验。 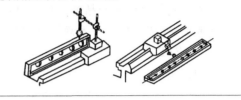 ②用水平仪检验。 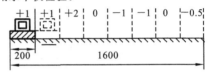 ③用钢丝、读数显微镜检验。 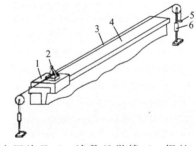 1—专用检具;2—读数显微镜;3—钢丝;4—导轨;5—重锤;6—可调支架 ④激光准直测量法。 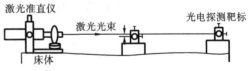 ⑤双频激光干涉仪法。 (此处略,后面介绍)

续表

符号	公差带定义	检 测 方 法
▱	公差带为间距等于公差值 t 的两平面所限定的区域(见下图)。	①平板测微仪法(指示器法)。 (a)测量示意图　(b)测量布点 ②间隙法。 测量截面布置图 ③自准直仪测量法和水平仪法。 (a)自准直仪测量法　(b)水平仪法 ④双频激光干涉仪法。 (此处略)
∥	公差带为间距等于公差值 t、平行于两基准的两平面所限定的区域(见下图)。 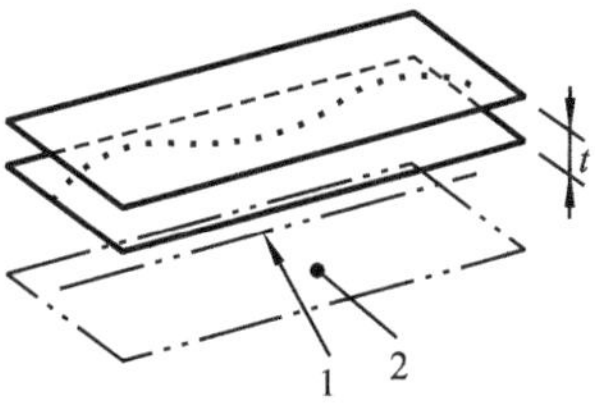 1—基准轴线;2—基准平面	①导向平尺法。 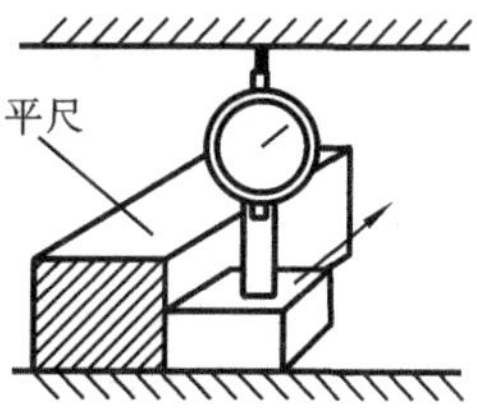

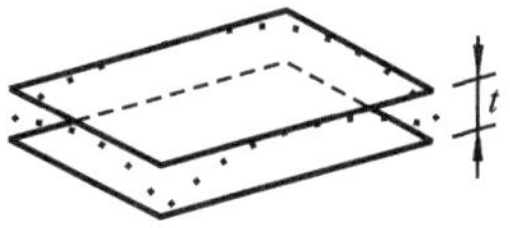

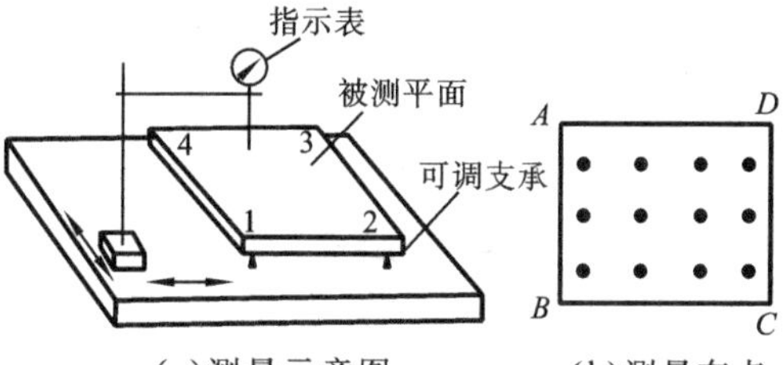

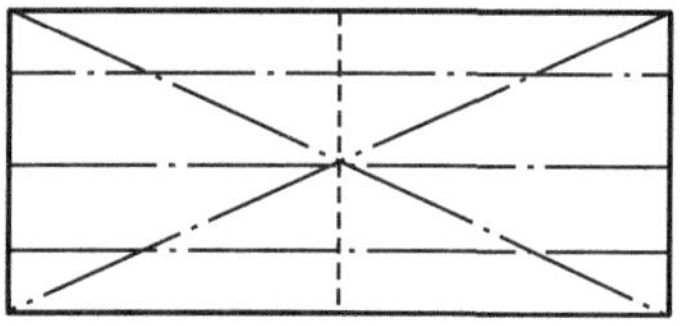

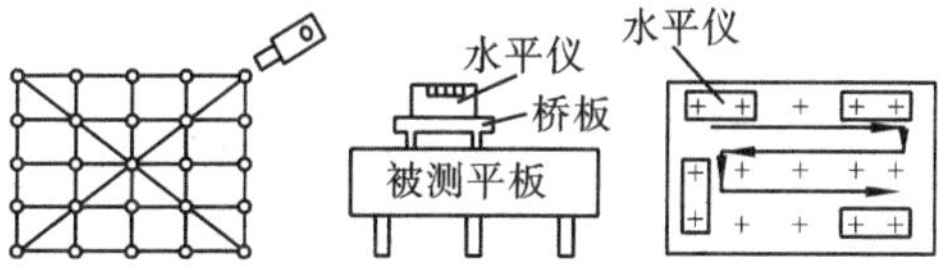

续表

符号	公差带定义	检测方法
//	公差带为间距等于公差值 t、平行于基准轴线 1 且垂直于基准平面 2 的两平行平面所限定的区域（见下图）。 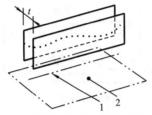 1—基准轴线；2—基准平面 公差带为平行于基准轴线 1 和平行或垂直于基准平面 2、间距分别等于公差值 t_1 和 t_2，且相互垂直的两组平面所限定的区域（见下图）。 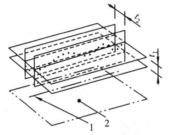 1—基准轴线；2—基准平面 若公差值前加注了符号 ϕ，则公差带为平行于基准轴线、直径等于公差值 ϕt 的圆柱面所限定的区域（见下图）。 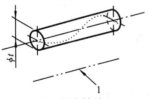 1—基准轴线 公差带为平行于基准平面、间距等于公差值 t 的两平行平面所限定的区域（见下图）。 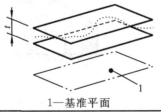 1—基准平面	②精密水平仪法。 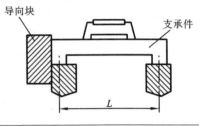 ③双频激光干涉仪法。 （此处略，详见项目六——双频激光干涉仪及球杆仪测量）。

知识点3　主要组件的装配与检测

1. 机床执行的标准及主要精度

机床执行的主要标准是《加工中心　检验条件　第6部分：进给率、速度和插补精度检验》(GB/T 18400.6—2001)、《加工中心　检验条件　第7部分：精加工试件精度检验》(GB/T 18400.7—2010)、《加工中心　检验条件　第4部分：线性和回转轴线的定位精度和重复定位精度检验》(GB/T 18400.4—2010)以及相关的国家标准。机床精度的检测方法和检验要求符合《加工中心　检验条件　第1部分：卧式和带附加主轴头机床几何精度检验（水平 z 轴）》(GB/T 18400.1—2010)的有关规定。位置精度的检测采用双频激光干涉仪，数据处理符合上述国标的有关规定。在制造过程中，机床的主要接合面，运转试验均按照《加工中心　检验条件　第7部分：精加工试件精度检验》(GB/T 18400.7—2010)进行。机床的定位精度应达到0.01 mm（全行程），重复定位精度应达到0.005 mm（全行程），圆弧插补精度应达到0.02 mm，直线插补精度应达到0.01 mm，镗孔精度应达到0.005 mm（圆度），倒头镗精度应达到0.008 mm（同轴度），精铣平面精度应达到0.005 mm。

2. 主要部件的装配

1）主轴组件的装配

采用定向法装配主轴前、后轴承，并涂上一定量的高级锂基脂。对主轴组件中的法兰盘端面、隔套的端面、锁紧螺母的端面均应进行认真选配，使其端面误差降低到最小，并在专用设备上在最高转速下对主轴组件进行温升试验和有精度的检查，均达到要求即可。

2）刀库的装配

刀库的装配分两步走：其一是刀盘上刀爪及夹紧装置的装配，主要是保证各个刀爪和夹紧装置装配的一致性，采用专用工装来检查；其二是刀库传动键的装配，主要是调整蜗轮、蜗杆之间的间隙到最小。这两步装配调整完成后再通过刀盘中心的液压油缸将两者装配到一起，从而形成一个刀库整体。

3）回转工作台的装配

其装配过程分为三步走：其一是回转工作台分度油缸和工作台夹紧油缸的装配，由于这两个油缸在结构上是嵌套在一起的，因此，要特别注意密封圈的装配，不允许将密封圈切坏；其二是回转工作台的传动链装配，要特别注意调整其中的蜗轮、蜗杆之间的间隙，使之成为最小；其三是鼠齿盘的装配，最终要保证工作台平面的回转精度，该平面与 x 向、z 向导轨的平行度以及与 y 向导轨的垂直度均在允许误差范围之内。

3. 整机装配要求

1）x、y、z 三个方向滚动直线导轨和滚珠丝杠的装配

滚动直线导轨装配的关键是：第一，要保证基准导轨的直线度；第二，要保证第二条导轨与基准导轨的平行度；第三，要保证整个导轨副的直线度。在整个装配过程中，严格按照厂家提供的技术要求来进行安装。不仅如此，还应注意保证滚动直线导轨安装螺钉的安装扭矩在规定的范围之内。

各个支承大件的滚动直线导轨安装完毕后，则可进行滚珠丝杠的安装。对滚珠丝杠的安装应注意两点：其一是丝杠与导轨的平行度，这主要是通过安装丝杠的支承或瓦架来保证；其二是消除丝杠自身的轴向窜动，并且保证丝杠已进行预拉伸，以提高机床运动部件的刚性。

2）x、y、z 三个方向支承大件之间、工作台与各支承大件之间的结合

这是保证机床几何精度的关键。主要应保证的精度是：①x、z 向导轨的相互垂直度；②y 向导轨与 x、z 向导轨平面的垂直度；③工作台平面与 x、z 向导轨平面的平行度；④工作台平面与 y 向导轨的垂直度。保证的措施如下。

x、z 向导轨的相互垂直度是通过机床的滑鞍大件上两导轨的安装基准面来保证的。这是一项死精度，在机加工时应保证，装配时只能进行微量调整。

y 向导轨与 x、z 向导轨的垂直度是通过 y 向导轨与 z 向导轨的 4 个滑块的安装平面的互相垂直度来保证的。这也是一项死精度，应在零件加工时重点保证，装配时只能微调。

工作台平面与 x、z 向导轨平面的平行度主要是靠刮研工作台面来保证的。这是一项活精度，在回转工作台装配时，不需要考虑这一步，只要保证回转工作台的端面圆跳动在允许误差范围之内即可。

工作台平面与 y 向导轨的垂直度也主要是靠刮研工作台平面来保证的，这也是一项活精度。

3）主轴组件与支承大件的结合

在结合前，首先，应做完主轴组件的温升试验及有关主轴回转精度的检验，并满足要求，其次是主轴锥孔自身的回转精度检验。即主轴根部处和距主轴端面 300 mm 处的回转精度也在规定范围之内。结合后，要保证主轴中心轴线与 z 向导轨的平行度（正面、侧面）。

4）刀库与主轴部件的结合

结合的关键是将刀库固定在立柱上。其要求是保证换刀位置的准确性，为此设计了专用工装来保证。为保证刀库中的每把刀具都能准确地交换到主轴上，要保证三点：其一是刀具在刀盘中的分布位置要准确，这关键是靠刀盘、刀爪等零件在机加工时保证；其二是刀库在立柱上的位置要准确，这主要靠刀库与主轴部件的结合来保证；其三是交换刀具的动作要准确。

5）液压、气动、管路的装配

首先检查各液压元件、气动元件是否符合设计的功能要求,各集成油块的功能是否满足图纸设计要求。

其次,按照功能模块,将液压元件、气动元件分别装配到有关的集成油路块上。

最后,安装管路,并保证管路的正确性和外观整齐。

4. 装配中的主要技术问题及解决办法

（1）刀库粗定位不准确,冲程较大,解决的办法是提高蜗杆的轴向刚度,加大对碟形弹簧的预紧力,效果较为明显。

（2）刀库精定位销子行程不够长,导致刀柄拉钉不能准确进入主轴锥孔内刀具拉杆孔内,解决办法是将原来的精定位销由 18 mm 加长到 28 mm。

（3）主轴窜动达 0.40 mm,原因是主轴锁紧螺帽未锁紧,通过更换螺帽,可使问题得到解决。

（4）主轴箱没有平衡装置,使 y 向丝杠在两个方向上的负载不均匀。可增加主轴平衡油缸,用来平衡主轴箱。平衡回路用平衡阀来控制。

（5）x 方向的定位精度达不到要求,因为该方向负载惯量最大。增加预拉伸量,可使问题得到解决。

实训项目　数控车床及加工中心的装配与检测

1. 操作仪器与设备

（1）卧式加工中心一台。

（2）数控车床一台。

（3）数控钻铣床一台。

（4）平尺（400 mm,1 000 mm,0 级）各一只。

（5）方尺（400 mm×400 mm×400 mm,0 级）各一只。

（6）直检棒（ϕ80 mm×500 mm）一只。

（7）莫氏锥度检棒（No.5×300 mm,No.3×300 mm）两只。

（8）顶尖两个（莫氏 5 号,莫氏 3 号）。

（9）百分表两只。

（10）磁力表座两只。

（11）水平仪（200 mm,0.02 mm/1 000 mm）一只。

（12）等高块三只。

（13）可调量块两只。

（14）双频激光干涉仪及球杆仪一台。

2. 实际操作

（1）按表 5-3 完成数控车床的精度检测。

表 5-3　几何精度检验项目及方法

序号	检验项目	示　意　图	精度/mm	
			允许误差	实测
G1	床身导轨调平 (a)纵向:导轨在垂直面内的直线度; (b)横向:导轨应在同一平面内	(a) (b)	(a)0.02(凸); (b)在任意250 mm 测量长度上为0.0075	
G2	溜板在水平面内移动时的直线度		0.02	
G3	尾座移动对溜板移动的平行度: (a)在垂直平面内; (b)在水平面内	(a) (b)	(a)0.03; (b)0.03 在任意500 mm 测量长度上为0.02	
G4	(a)主轴的轴向窜动; (b)主轴轴肩支承面的跳动	(b) (a)	(a)0.01; (b)0.02 (包括轴向窜动)	
G5	主轴定心轴颈的径向跳动		0.01	
G6	主轴锥孔轴线的径向跳动: (a)靠近主轴端面; (b)距主轴端面300 mm 处	(a)　(b)	(a)0.01; (b)在300 mm 测量长度上为0.02	

续表

序号	检验项目	示 意 图	精度/mm	
			允许误差	实测
G7	主轴轴线对溜板移动的平行度: (a)在垂直平面内; (b)在水平面内(测量长度为300 mm)		(a)在300 mm测量长度上为0.02(只许向上偏); (b)在300 mm测量长度上为0.015(只许向前偏)	
G8	顶尖的跳动		0.015	
G9	尾座套筒锥孔轴线对溜板移动的平行度: (a)在垂直面内; (b)在水平面内(测量长度为300 mm)		(a)在300 mm测量长度上为0.03(只许向上偏); (b)在300 mm测量长度上为0.03(只许向前偏)	
G10	横刀架横向移动对主轴轴线的垂直度		0.02/300; 偏差方向$\alpha \geqslant 90°$	
G11	刀架回转的重复定位精度		0.01	

续表

序号	检验项目	示 意 图	精度/mm	
			允许误差	实测
G12	重复定位精度： (a)z轴； (b)x轴		(a)0.015； (b)0.010	
P1	精车外圆的精度 (a)圆度； (b)在纵截面内直径的一致性		(a)0.005； (b) 0.03/300	
P2	精车端面的平面度		在直径为 300 mm 时为 0.025（凹）	
P3	精车螺纹的螺距累积误差： $L_{min}=75$； $d=40$		在任意 50 mm 测量长度上为 0.025	

注：表中检测方法参照《铣钻床 第1部分：精度检验》(JB/T 7421.1—2006)和《机床检验通则 第1部分：在无负荷或精加工条件下机床的几何精度》(GB/T 17421.1—1998)。

（2）按表 5-4 完成加工中心的精度检测。

表 5-4　数控机床（加工中心）精度检验操作规范

序号	测量项目	操 作 规 范	示 意 图
G1	工作台面的平面度	工作台位于 x-z（卧式）或 x-y（立式）坐标方向行程的中间位置。 　　用平台检验：按图示规定，将等高量块分别放在工作台面上的 a、b、c 三个基准上，平尺放在基准 a、c 之间的等高量块上，在 e 点处放一可调量块，调整后，使其与平尺的检验面相接触。再将平尺放在 b、e 量块上，在 d 点放一可调量块。调整后，使其与平尺的检验面相接触。用同样方法，将平尺放在 d、c 和 b、c 量块上，分别确定 h、g 位置的可调量块。按图示方位放置平尺，用量块（指示器）检验工作台面与平尺检验面间的距离，误差以其最大与最小距离之差计。 　　用水平仪检验：采取分格法，请参考相关检测标准	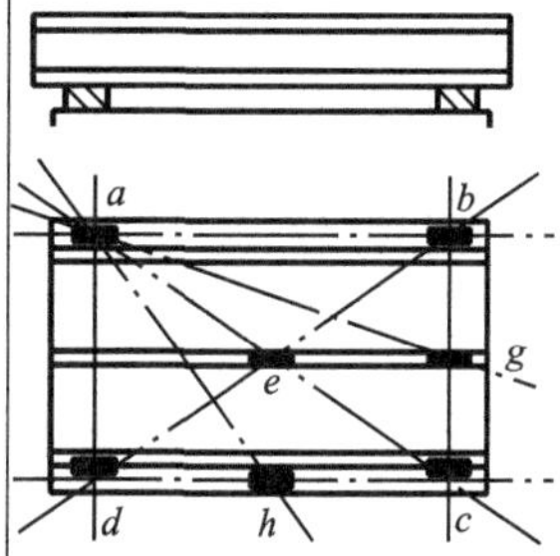
G2	工作台（或立柱）沿坐标方向移动的直线度	工作台（或立柱）位于 z（卧式）或 y（立式）坐标方向行程的中间位置 　　（a）将精密水平仪平行于 x 坐标方向放在移动工作台（或立柱）上，沿 x 坐标方向移动工作台（或立柱），在全行程上进行检验。水平仪至少在行程的中间和两端三处读数。 　　（b）将平尺平行于 x 坐标方向卧放在非运动部件（或专用检具）上。在工作台（或立柱）上固定指示器，使其测头触及平尺检验面，移动工作台（或立柱）并调整平尺，使指示器读数在平尺的两端相等。沿 x 坐标方向移动工作台（或立柱），在全行程上进行检验，如图所示。 　　（a）、（b）的误差分别计算，误差以水平仪读数的最大代数值或指示器读数的最大差值计 　　图（a）所示为在 x-y（卧式）或 x-z（立式）平面内检测；图（b）所示为在 x-z（卧式）或 x-y（立式）平面内检测	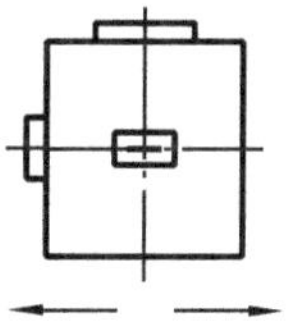 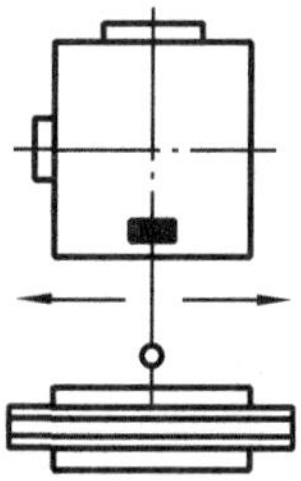

序号	测量项目	操 作 规 范	示 意 图
G3	工作台（或立柱）沿 x 坐标方向移动在 y-z 平面内的平行度	工作台（或立柱）位于 z（卧式）或 y（立式）坐标方向行程的中间位置。 将精密度水平仪平行于 z（卧式）或 y（立式）坐标方向放在工作台（或立柱）上，沿 x 坐标方向移动工作台（或立柱），在全行程上进行检验。如图所示，水平仪至少在行程的中间和两端三处读数，误差以水平仪读数的最大代数差值计	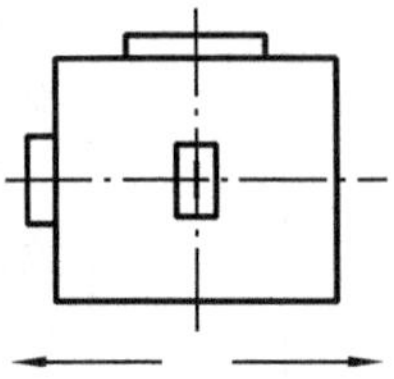
G4	工作台（或立柱、或主轴箱）沿 z（卧式）或 y（立式）坐标方向移动的直线度	工作台（或立柱）位于 x 坐标方向行程的中间位置。 （a）将精密水平仪平行于 z（卧式）或 y（立式）坐标方向放在工作台（或立柱、或主轴箱）上，沿 z（卧式）或 y（立式）坐标方向移动工作台（或立柱、或主轴箱），在全行程上进行检验，如图所示。水平仪至少在行程的中间和两端三处读数。 （b）将平尺平行于 z（卧式）或 y（立式）坐标方向卧放在非运动部件（或专用检具）上，在工作台（或立柱）上固定指示器，使其测头触及平尺的检验面，移动工作台（或立柱、或主轴箱），并调整平尺，使指示器读数在平尺的两端相等。沿 z（卧式）或 y（立式）坐标方向移动工作台（或立柱、或主轴箱），在全行程上进行检验。 （a）、（b）的误差分别以水平仪读数的最大代数值或指示器读数的最大差值计。 图（a）在 y-z 平面内；图（b）在 x-z（卧式）或 x-y（立式）平面内	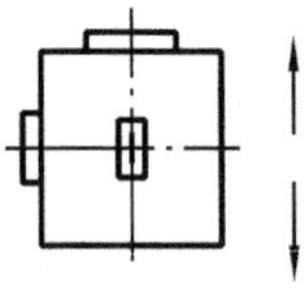 （a） 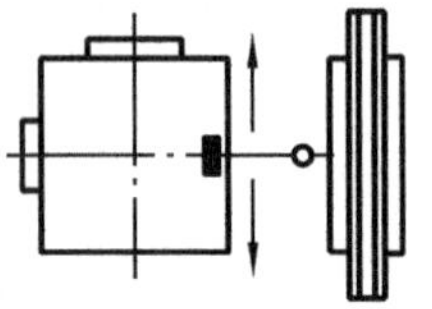 （b）
G5	主轴箱沿 y（卧式）或 z（立式）坐标方向移动的直线度	工作台或立柱位于 x-z（卧式）或 x-y（立式）坐标方向行程的中间位置。在工作台面上放两个可调整块（或放一个专用检具），角尺放其上。分别在（a）y-z 平面内、（b）x-y（卧式）或 x-z（立式）平面内，固定指示器，使其测头触及角尺，使指示器读数在测量长度的两端相等。沿 y（卧式）或 z（立式）坐标方向移动主轴箱，在全行程上进行检验，如图所示。 （a）、（b）的误差分别计算，误差以指示器读数的最大差值计	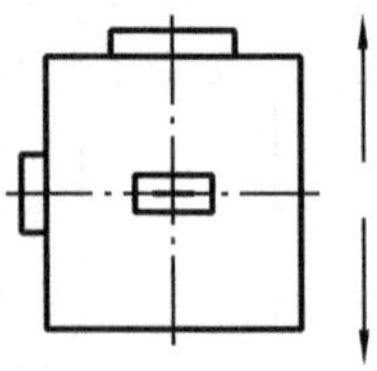

续表

序号	测量项目	操 作 规 范	示 意 图
G6	工作台(或立柱、或主轴箱)沿 z(卧式)或 y(立式)坐标方向在 x-y(卧式)或 x-z(立式)平面内移动的平行度	工作台(或立柱)位于 x 坐标方向行程的中间位置。将精密度水平仪平行于 x 坐标方向放在工作台(或立柱、或主轴箱)上。沿 z(卧式)或 y(立式)坐标方向移动工作台(或立柱、或主轴箱),在全行程上进行检验,如图所示。水平仪至少在行程的中间和两端三处读数,误差以水平仪读数的最大代数差值计。 图(a)所示为在 y-z 平面内检测;图(b)所示为在 x-y(卧式)或 x-z(立式)平面内检测	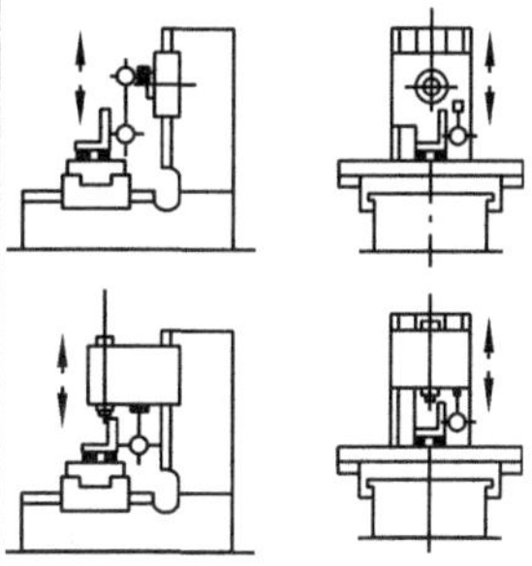 (a) (b)
G7	主轴箱沿 y(卧式)或 z(立式)坐标方向移动时对工作台面的垂直度	工作台(或立柱)位于 x-z(卧式)或 x-y(立式)坐标方向行程的中间位置。在工作台面上放两个等高块,角尺放在其上。分别在(a)y-z 平面内,(b)x-y(卧式)或 x-z(立式)平面内检测。指示器固定在主轴箱上,使其测头触及角尺的检验面。沿 y(卧式)或 z(立式)坐标方向移动主轴箱检验,如图所示。 (a)、(b)的误差分别计算,误差以指示器读数的最大差值计。 图(a)所示为在 y-z 平面内检测;图(b)所示为在 x-y(卧式)或 x-z(立式)平面内检测	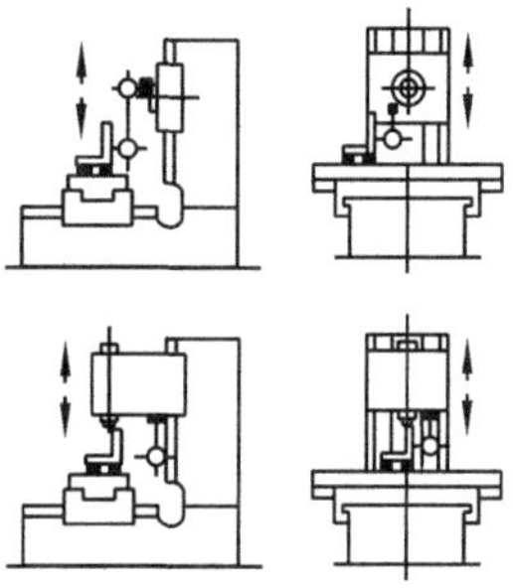 (a) (b)
G8	工作台(或立柱或主轴箱)移动时对工作台面平行度	在工作台面上放两个等高块,平尺放在其上,分别在(a)z(卧式)或 y(立式)坐标方向,(b)x 坐标方向检测指示器固定在主轴箱上,使其测头触及平尺的检验面,移动工作台(或立柱、或主轴箱)检验。 (a)、(b)的误差分别计算,误差以指示器读数的最大差值计。 当工作台长度大于 1 600 mm 时,则将平尺逐次移动进行检验。 图(a):工作台(或立柱、或主轴箱)沿 z(卧式)或 y(立式)坐标方向移动。 图(b):工作台(或立柱)沿 x 坐标方向移动	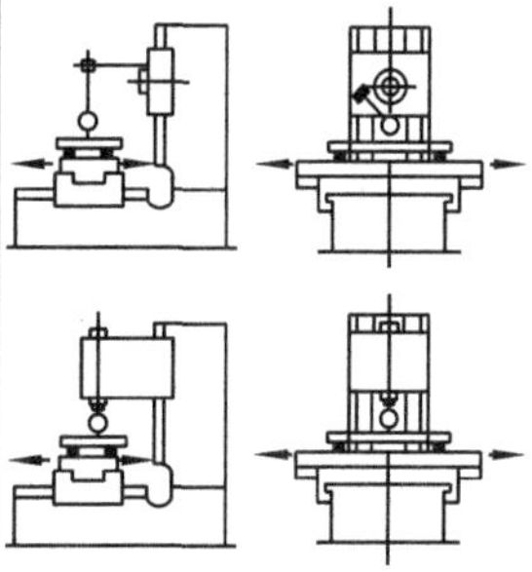 (a) (b)

序号	测量项目	操 作 规 范	示 意 图
G9	主轴的轴向窜动	固定指示器,将其测头插入主轴锥孔中的专用检验两端面中心处,旋转主轴检验,如图所示。 误差以指示器读数的最大差值计。 在检验时,应通过主轴轴线,加一个由制造厂规定的轴向力(对于消除轴向游隙的主轴,可不加力)	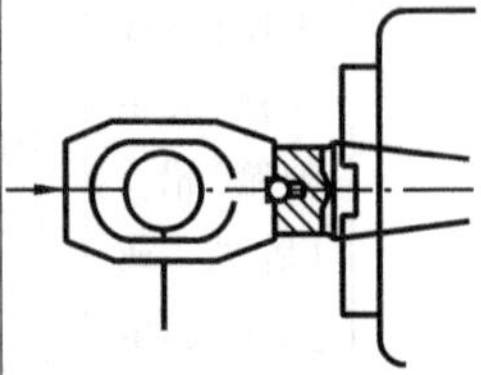
G10	主轴锥孔轴线的径向跳动	在主轴锥孔中插入检验棒,固定指示器,使其测头触及检验棒表面,分别靠近主轴端面(见图(a))和距主轴端面 800 mm 处(见图(b))旋转主轴检验,如图所示。 将检验棒拔出主轴锥孔,依次重复检验三次。 (a)、(b)的误差分别计算,误差以四次测量结果的算术平均值计。 对于卧式机床,在 y-z 和 x-z 的轴向平面内均须检验	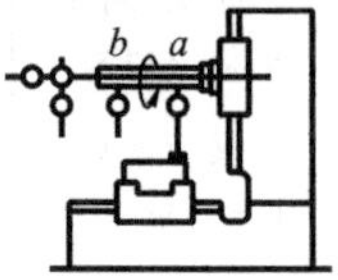 (a) 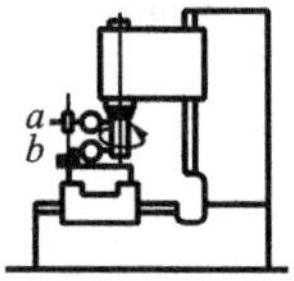 (b)
G11	主轴旋转轴线对工作台面的平行度(仅适用于卧式加工中心)	使工作台(或立柱)位于 x 坐标方向行程的中间位置,在主轴锥孔中插入检验棒。在工作台面上放两个等高块,将平尺放在其上。将带有指示器的支架放在平尺上,使指示器测头触及检验棒的表面。在平尺上移动支架检验,如图所示。 将主轴旋转180°,重复检验一次。 误差以测量结果代数和的一半计	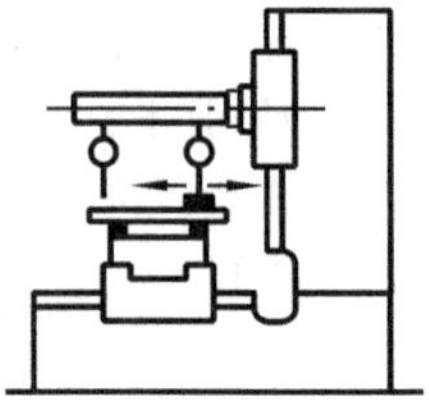
G12	工作台(或立柱或主轴箱)沿 z 坐标方向移动对主轴旋转轴线的平行度	使工作台(或立柱)位于 x(卧式)或 y(立式)坐标方向行程的中间位置,在主轴锥孔中插入检验棒。将指示器固定在工作台面上,使其测头触及检验棒的表面,分别在 y-z 平面内(见图(a))和 x-z 平面内(见图(b))。移动工作台(或立柱、或主轴箱)检验,如图所示。 将主轴旋转180°,重复检验一次。 (a)、(b)的误差分别计算,误差以两次结果的代数和计	(a) 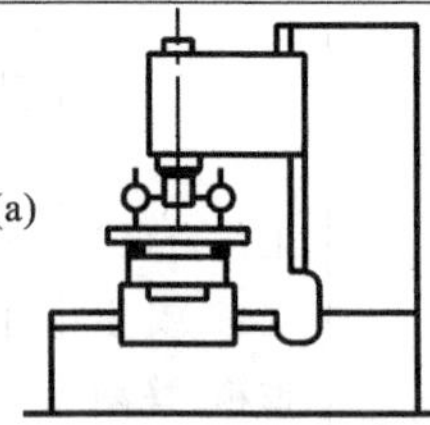 (b) 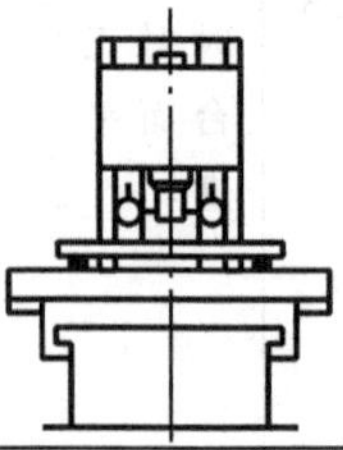

续表

序号	测量项目	操作规范	示意图
G13	主轴旋转轴线对工作台面的垂直度（仅适用于立式加工中心）	使工作台位于 x 和 y 坐标方向行程的中间位置。在工作台面上放两个等高块，平尺放在其上。将指示器装在插入主轴锥孔中的专用检验棒上，使其测头触及平尺的检验面，分别在 y-z 平面内（见图(a)）和 x-z 平面内（见图(b)）旋转主轴检验。 拔出检验棒，相对主轴旋转 180°重新插入主轴锥孔中，重复检验一次，如图所示。 (a)、(b)的误差分别计算，误差以两次测量结果代数和的一半计	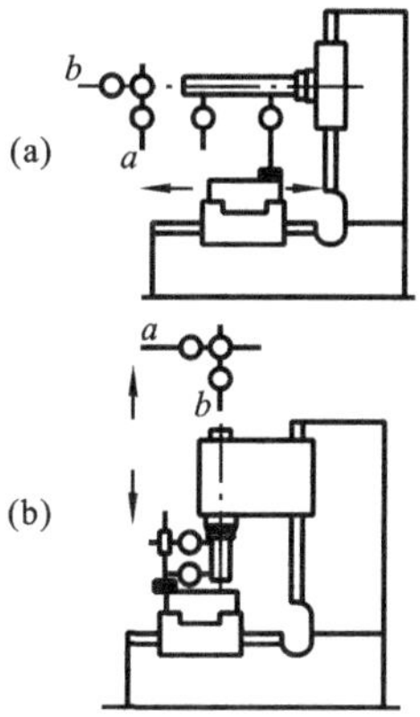
G14	工作台（或立柱、或主轴箱）沿 z（卧式）或 Y（立式）坐标方向移动对工作台（或立柱）沿 x 坐标方向移动的垂直度	图(a)将平尺平行于 x 坐标放在工作台面上，固定指示器，使其测头触及平尺的检验面，移动工作台（或立柱），并调整平尺，使指示器读数在平尺的两端相等。角尺放在工作台面上，使其一边紧靠调整好的平尺，然后使工作台位于 x 坐标方向行程的中间位置。 图(b)固定指示器，使其测头触及角尺的另一边，沿 z（卧式）或 y（立式）坐标方向移动工作台（或立柱、或主轴箱检验），如图所示。 误差以指示器读数的最大差值计	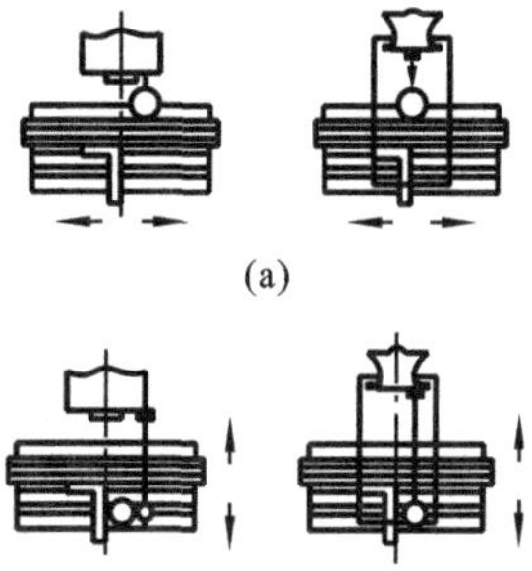
G15	主轴旋转轴线对主轴箱（卧式）或工作台（或立柱）沿 y 坐标方向移动的垂直度	在工作台面上放两个可调垫块（或放一个专用检具），将角尺或平尺放在其上。指示器装在插入主轴锥孔中的专用检验棒上，使其测头触及角尺或平尺的检验面，移动主轴箱或工作台（或立柱），并调整角尺或平尺，使指示器读数在角尺或平尺的两端相等，旋转主轴检验，如图所示。误差以指示器读数的最大差值计	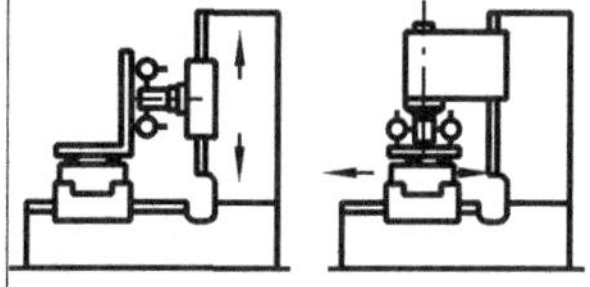

序号	测量项目	操 作 规 范	示 意 图
G16	主轴旋转轴线对工作台(或立柱)沿 x 坐标方向移动的垂直度	将平尺平行于 x 坐标方向放在工作台面上(卧式)或工作台面上的可调垫块上(立式)。将指示器装在插入主轴锥孔中的专用检验棒上,使其测头触及平尺的检验面。移动工作台(或立柱),并调整平尺或垫块,使指示器读数在平尺的两端相等,然后使工作台(或立柱)位于 x 坐标方向行程的中间位置,旋转主轴检验,如图所示。误差以指示器读数的最大差值计	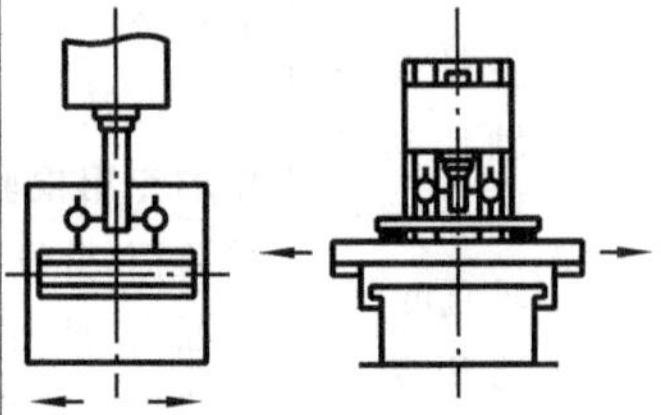
G17	回转工作台面的端面跳动	将量块放在工作台上,固定指示器,使其测头触及在量块上。以回转工作台的原点为基准,转动回转工作台,并同时移动量块,在每隔 $45°$ 的位置处(分度回转工作台应锁紧)检验,如图所示。误差以指示器读数的最大差值计	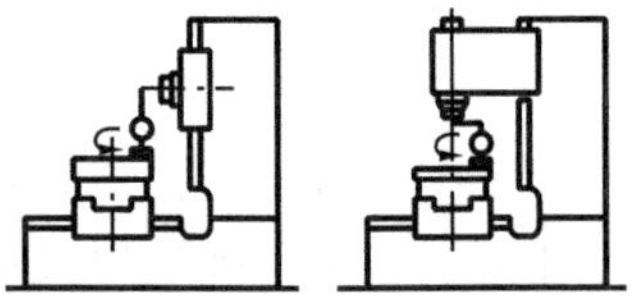
G18	回转工作台中心定位孔径向跳动	固定指示器,使其测头触及回转工作台中心定位孔表面。 转动回转工作台或在每隔 $45°$ 位置上锁紧定位(分度回转工作台)进行检验,如图所示。误差以指示器读数的最大差值计	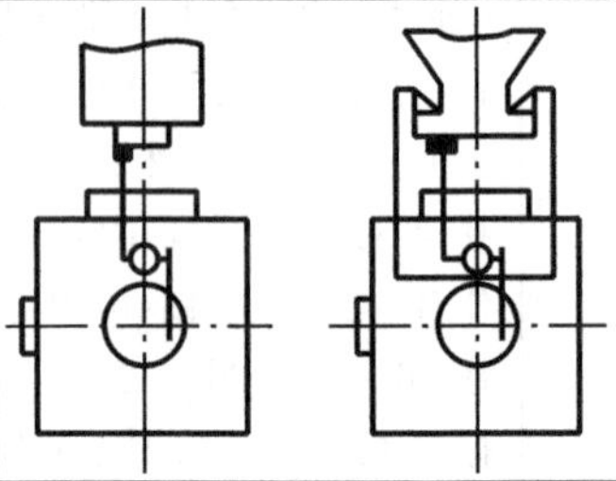
G19	工作台中央或基准T形槽(基准槽)的直线度	在工作台面上放两个等高块,平尺放在其上,将带有指示器的专用滑板放在工作台面上并紧靠槽的一侧,使指示器测头触及平尺的检验面,移动滑板,并调整平尺,使指示器读数在平尺的两端相等。移动专用滑板,在槽的全长上进行检验,如图所示。 (a)、(b)的误差分别计算,误差以指示器读数的最大差值计。 图(a):x 坐标方向的中央或基准T形槽。 图(b):z(卧式)或 y(立式)坐标方向的基准槽	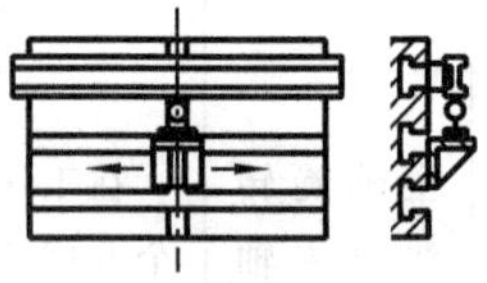 (a) 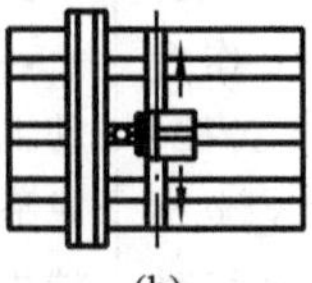 (b)

序号	测量项目	操作规范	示意图
G20	工作台（或立柱）沿 x 坐标方向移动对工作台基准 T 形槽的平行度	工作台（或立柱）位于 z（卧式）或 y（立式）坐标方向行程的中间位置。在主轴中央处固定指示器,使其测头触及 T 形槽侧面。在 x 坐标方向移动工作台（或立柱）检验,如图所示。误差以指示器读数的最大差值计	
G21	回转工作台回转轴线与回转工作台中央基准 T 形槽两侧面的等距度	回转工作台位于 x 坐标行程的中间位置,并使回转工作台中央基准 T 形槽大致与 x 坐标方向平行。在 T 形槽内紧密地塞入两个量块。平尺的一个检验面紧靠量块一侧。在主轴中央处固定指示器,使其测头触及平尺的另一个检验面。指示器不动,然后移开平尺,将回转工作台转动 180°,再将平尺的一个检验面紧靠量块的另一侧进行检验,如图所示。误差以指示器读数的最大差值的一半计	
G22	工作台侧面定位基准面对工作台（或立柱）沿 x 坐标方向移动的平行度	固定指示器,使其测头触及侧面定位基准面。沿 x 坐标方向移动工作台（或立柱）检验,如图所示。误差以指示器读数的最大差值计	

115

序号	测量项目	操作规范	示意图
G23	交换工作台的重复交换定位精度	任选一个交换工作台移到工作台基座上。在 x、y、z 三个坐标方向各固定一个指示器,将量块的一面紧靠在交换工作台的定位基准面上,另一面使其与指示器的测头触及。对交换工作台重复交换定位三次进行检验,如图所示。 各坐标方向的误差分别计算,误差以指示器三次读数的最大差值计。 (a)为沿 x 坐标方向检测;(b)为沿 y(卧式)或 z(立式)坐标方向检测;(c)为沿 z(卧式)或 y(立式)坐标方向检测	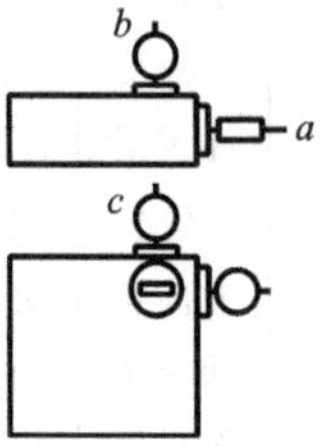
G24	各交换工作台的等高度	将量块放在交换工作台面上,固定指示器,使其测头触及量块的另一面,连续交换各交换工作台进行检验,如图所示。误差以指示器读数的最大差值计	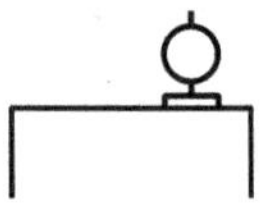
G25	直线运动坐标的定位精度	非检测坐标上的运动部件位于行程的中间位置。 当坐标行程不大于 2 000 mm 时,每 1 000 mm 内至少适当选取 5 个测点;大于 2 000 mm 时,每隔 250 mm 左右适当选取一个测点。以这些测点的位置作为目标位置 P_1,快速移动运动部件,分别对各目标位置从正、负向每次定位时,运动部件实际到达的位置 P_2 与目标位置 P_1 之差值 $P_2 - P_1$,即位置偏差 X_i。按 GB/T 17421.2—2000 规定的方法,计算出在坐标全行程的各目标位置上,正向及负向定位时的平均位置偏差 X_i 和标准偏差 S_i,误差 A 以所有$(X_i + 3S_i)$的最大值与所有$(X_i - 3S_i)$的最小值之差值计,即 $A = (X_i + 3S_i)_{max} - (X_i - 3S_i)_{min}$。 每个直线运动坐标均须检验,如图所示	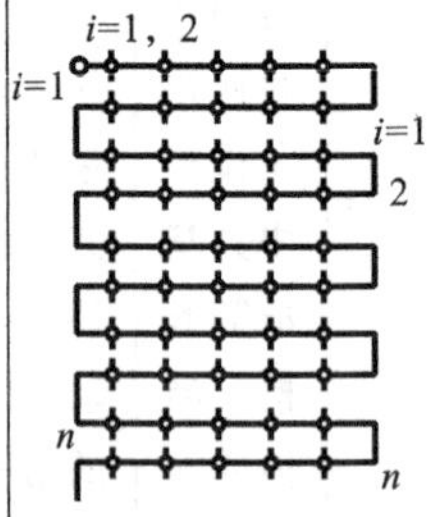
G26	直线运动坐标的重复定位精度	非检测坐标上的运动部件位于行程的中间位置。 当坐标行程不大于 2 000 mm 时,每 1 000 mm 内至少适当选取 5 个测点;大于 2 000 mm 时,每隔 250 mm 左右适当选取一个测点。以这些测点的位置作为目标位置 P_1,快速移动运动部件,分别对各目标位置从正、负两个方向进行 5 次定位,测出正、负向每次定位时运动部件实际到达的位置 P_2 与目标位置 P_1 之差值 $P_2 - P_1$,即位置偏差 X_2。 按 GB/T 17421.2—2000 规定的方法,计算出在坐标全行程的各目标位置上,正方向及负方向定位时的平均位置偏差 X_i 和标准偏差 S_i,误差 R 以 $6S_i$ 的最大值计,即 $R = \max(6X_i, 6S_i)$ 每个直线运动坐标均须检验,如图所示	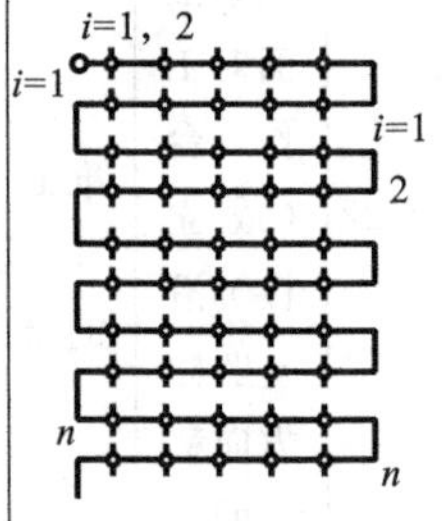

续表

序号	测量项目	操 作 规 范	示 意 图
G27	直线运动坐标的反向差值	非检测坐标上的运动部件位于行程的中间位置。 当坐标行程不大于 2 000 mm 时，每 1 000 mm 内至少适当选取 5 个测点；大于 2 000 mm 时，每隔 250 mm 左右适当选取一个测点。以这些测点的位置作为目标位置 P_1，快速移动运动部件，分别对各目标位置从正、负两个方向进行 5 次定位，测出正、负向每次定位时运动部件实际到达的位置 P_2 与目标位置 P_1 之差值 P_2-P_1，即位置偏差 X_2。按 GB/T 17421.2—2000 规定的方法，计算出在坐标全行程的各目标位置上，正、负方向定位时的平均位置偏差之差值，即反向值 B_j，误差以所有 B_j 绝对值的最大值计。 各个直线运动体均须检验，如图所示	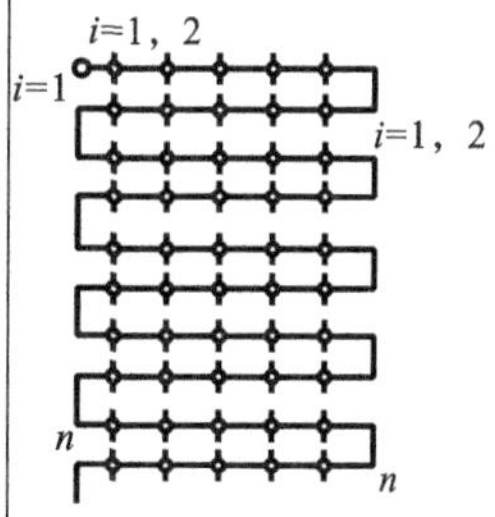
G28	分度回转工作台的分度精度	非检测坐标上的运动部件位于行程的中间位置。 将多面体置于分度回转工作台中央处，用自准直仪观察、调整，使其与多面体成一直线。先使分度回转工作台向正（或负）向移动一个角度并停止、锁紧、定位，以此位置作为基准，然后向同一方向快速转动工作台，每隔 30° 锁紧、定位。分别在正、负方向转动一圈过程中进行检验，如图所示。 误差以工作台转动一圈过程中，从基准位置起的各定位实际转角与理论转角差值中的最大值计	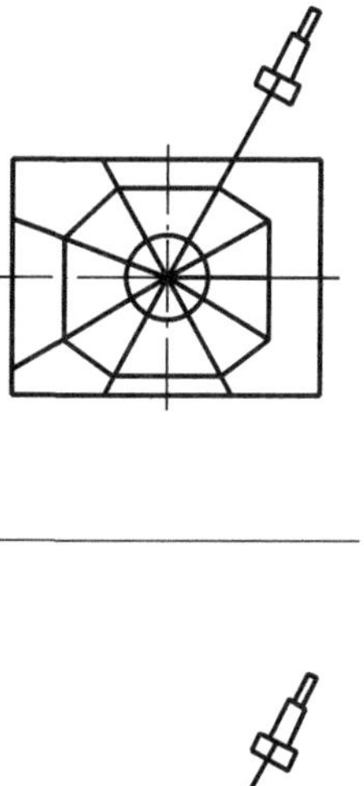
G29	分度回转工作台的重复分度精度	非检测坐标上的运动部件位于行程的中间位置。 将多面体置于分度回转工作台中央处，用自准直仪观察、调整，使其与多面体成一直线。 在回转工作台的转动一圈范围内，任选三个位置，分别从同一方向，以相同的条件转动工作台，对每一位置重复定位三次。分别在正、负方向转动过程中进行检验，如图所示。 误差以自准直仪在三个位置上的每三次重复定位读数间的最大差值中的最大值计	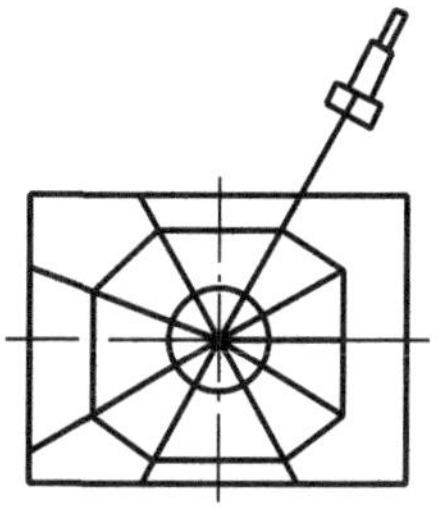

117

续表

序号	测量项目	操作规范	示意图
P1	圆度一致性和直径一致性	试件装在工作台的中间位置,如图所示。分别在Ⅰ、Ⅱ、Ⅲ三处(卧式)或Ⅰ、Ⅱ两处(立式)同一深度的横截面上,测出相互夹角约为45°的两个直径的最大差值的一半。圆度一致性误差以各最大差值之一半中的最大值计。分别在相互夹角约为45°的同一截面上,测出Ⅰ、Ⅱ、Ⅲ三处(卧式)或Ⅰ、Ⅱ两处(立式)直径的最大差值。直径一致性误差以各最大差值中的最大值计	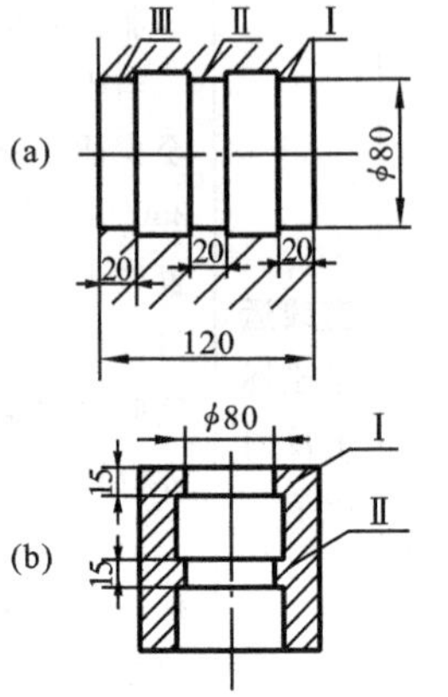
P2	平面度和阶梯差	试件装在工作台的中间位置,如图所示。用指示器和平板测量如图所示的被检面上的八个测量点。平面度误差以指示器在八个点间读数的最大差值计。用指示器和平板测量如图所示的被检面上开始切削和结束切削所形成的接刀交线区域。阶梯差以指示器读数的最大差值计	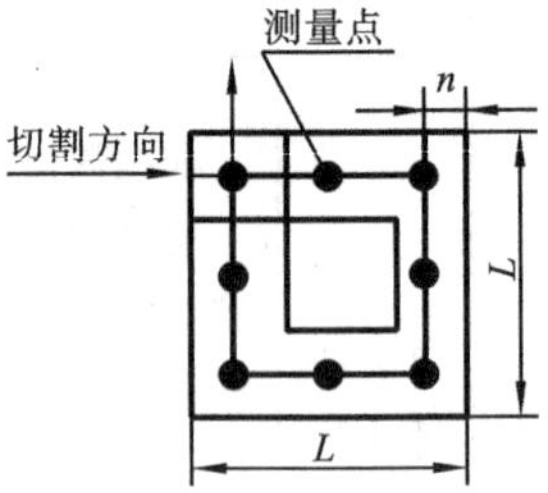
P3	平行度和垂直度	试件装在工作台的中间位置,如图(a)所示。在平板上放两个等高块,试件放在其上。固定角尺和指示器,使指示器测头触及被检验面。沿加工方向,在平板上移动指示器检验,如图(b)所示。平行度误差以指示器在Ⅰ、Ⅲ和Ⅱ、Ⅳ面间读数的最大差值中的较大值计。沿加工方向,在固定于平板上的角尺上移动指示器检验,如图(c)所示。垂直度误差以指示器在各个面上读数的最大差值中的最大值计	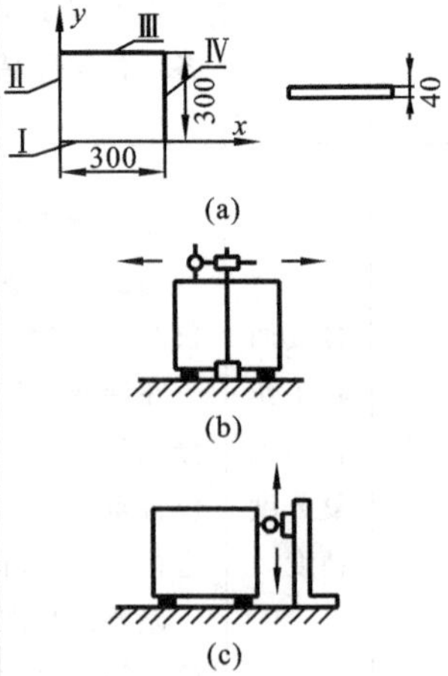

续表

序号	测量项目	操作规范	示意图
P4	x、y坐标方向的孔距和对角线方向的孔距	试件装在工作台的中间位置,如图所示。 分别在x和y坐标方向上测量两孔间的实际孔距,x、y坐标方向的孔距误差以其与指令值的最大差值计。 对角线方向的孔距可对两孔进行实测,也可测量实际孔的x、y坐标值,后经计算求得。对角线方向的孔距误差以实测或计算的孔距与理论值的最大差值计	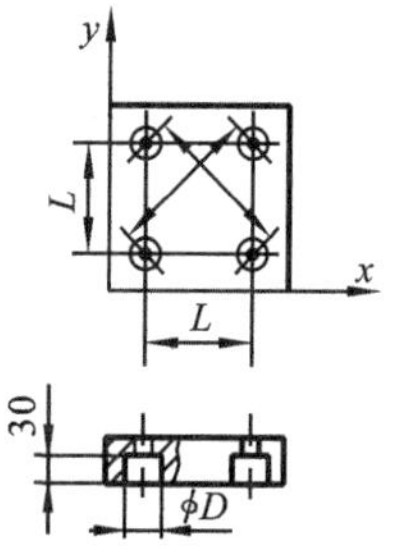
P5	直线度、两组相对面的尺寸差	试件装在工作台的中间位置,如图所示。在平板上放两个等高块,试件放在其上。 固定指示器,使其测头触及被检验面。调整可调垫块,使指示器的读数在试件的两端相等。沿加工方向,在平板上移动指示器检验。直线度误差以指示器在各面上读数的最大差值中的最大值计。 分别在Ⅰ、Ⅲ面和Ⅱ、Ⅳ面间的中间测出距离。两组相对面的尺寸差以两距离之差值计	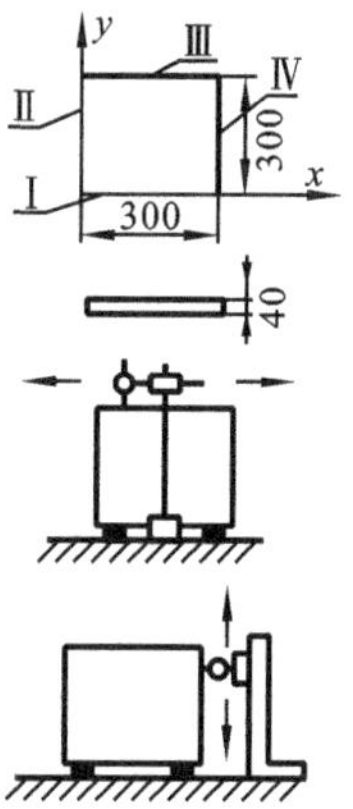
P6	用立铣刀进行直线插补铣削的精度	试件装在工作台的中间位置,使其一个加工面与x坐标方向为30°角,如图所示。 在平板上放两个等高块,试件放在其上。固定指示器,使其测头触及被检验面。调整可调垫块,使指示器读数在试件的两端相等。沿加工方向,在平板上移动指示器检验。直线度误差以指示器在各面上读数的最大差值中的最大值计。 在平板上放两个等高块,试件放在其上。固定指示器,使其测头触及被检验面。沿加工方向,在平板上将指示器在Ⅰ、Ⅱ面和Ⅲ、Ⅳ面间移动,误差以读数的最大差值中的最大值计。 在平板上放两个等高块,试件放在其上。固定角尺和指示器。使指示器测头触及被检验面。沿加工方向,在固定于平板上的角尺上移动指示器检验。 垂直度误差以指示器在各面上读数的最大差值中的最大值计	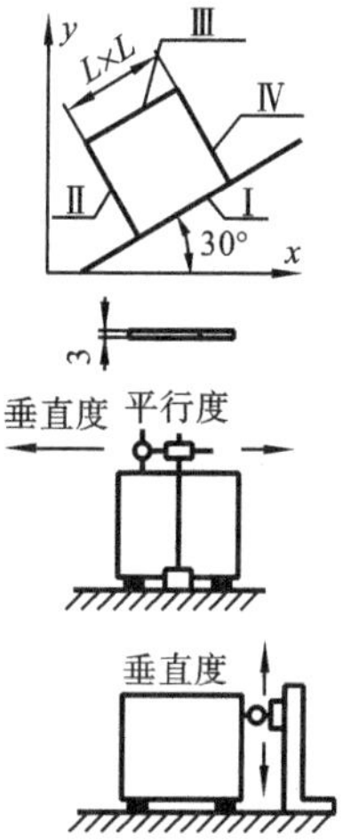

119

序号	测量项目	操 作 规 范	示 意 图
AG1	数控回转工作台的定位精度	非检测坐标上的运动部件位于行程的中间位置。将多面体置于回转工作台中央处，用自准直仪观测、调整，使其与多面体成一直线。在数控回转工作台转动一圈的过程中，按多面体的面数至少选取 12 个测点，以这些测点的位置作为目标位置 P_j。快速转动回转工作台，分别对各个目标位置从正、负两个方向各进行 5 次定位，测出每次正、负向定位时，数控回转工作台实际到达的位置 P_i 与目标位置 P_j 之差值 $P_i - P_j$，即位置偏差。 按 GB/T 17421.2—2000 规定的方法，计算出数控回转工作台转动一圈过程中的各目标位置上，正、负向定位时的平均位置偏差 O_j 和标准偏差 S_j，所有 $O_j + 2S_j$ 的最大值与所有 $O_j - S_j$ 的最小值之差值，即数控回转工作台的定位精度误差 A	
AG2	数控回转工作台的重复定位精度	非检测坐标上的运动部件位于行程的中间位置。将多面体置于回转工作台中央处，用自准直仪观测、调整，使其与多面体成一直线。 在数控回转工作台转动一圈过程中，按多面体的面数至少选取 12 个测点，以这些测点的位置作为目标位置 P_j。快速转动回转工作台分别对各个目标位置从正、负两个方向各进行 5 次定位，测出每次正、负向定位时，数控回转工作台实际到达的位置 P_i 与目标位置 P_j 之差值 $P_i - P_j$，此即位置偏差。 按 GB/T 17421.2—2000 规定的方法，计算出数控回转工作台转动一圈过程中的各目标位置上，正、负向定位时的平均位置偏差 O_j 和标准偏差 S_j，所有 $6O_j$、$6S_j$ 的最大值，就是数控回转工作台的重复定位精度误差 R	

续表

序号	测量项目	操作规范	示意图
AG3	数控回转工作台的反向差值	非检测坐标上的运动部件位于行程的中间位置。将多面体置于回转工作台中央处，用自准直仪观测、调整，使其与多面体成一直线。在数控回转工作台转动一圈的过程中，按多面体的面数至少选取 12 个测点，以这些测点的位置作为目标位置 P_j。快速转动回转工作台，分别对各个目标位置从正、负两个方向各进行 5 次定位，测出每次正、负向定位时，数控回转工作台实际到达的位置 P_i 与目标位置 P_j 之差值 $P_i - P_j$，此即位置偏差。 　　按 GB/T 17421.2—2000 规定的方法，计算出数控回转工作台转动一圈过程中的各目标位置上，正、负向定位时的平均位置偏差 O_j，即反向差值 B_j，所有 B_j 绝对值的最大值就是数控回转工作台的反向差值误差 B	

3. 操作内容

（1）检测一台数控车床的几何精度，并将检测结果填入表 5-3 中，试分析引起装配误差的原因。

（2）检测一台数控铣床的几何精度，并将检测结果填入表 5-4 中（选出可检测的要素填入），试分析引起装配误差的原因。

（3）检测一台加工中心的几何精度，并将检测结果填入表 5-4 中（选出可检测的要素填入），试分析引起装配误差的原因。

（4）根据图 5-2 所示，试分析拆画数控铣床典型零件图。

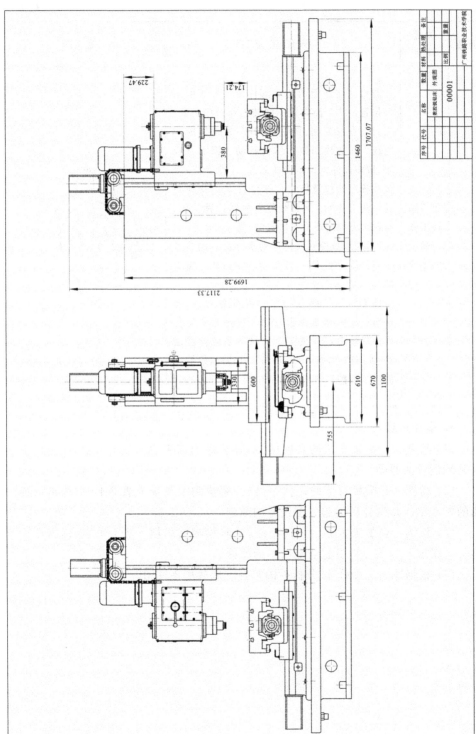

图 5-2　数控铣床整机机械装配图

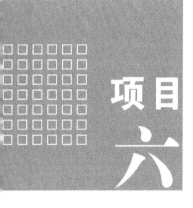

项目六

数控机床位置精度检测与补偿

【学习目标】

(1) 掌握数控机床定位精度、重复定位精度的测量方法。

(2) 掌握编制测量位置精度的数控程序的方法。

(3) 掌握数控机床螺距误差和反向间隙的补偿方法,并验证补偿效果。

【教学内容】

双频激光干涉仪及步距规的原理与操作,数控机床重复定位精度、定位精度及反向差值的检测与误差补偿。

任务2　项目内容设计

知识点1　步距规与双频激光干涉仪

测量定位精度和重复定位精度的仪器可以是激光干涉仪、线纹尺、步距规等。其中步距规因用于测量定位精度时操作简单而在批量生产中被广泛采用。《机床检验通则第2部分:数控轴线的定位精度和重复定位精度的确定》(GB/T 17421.2—2000)规定:数控机床定位精度的测量方法为沿平行于坐标轴的某一测量轴线选取任意几个定位测量点(一般为5~15个),对每个定位测量点重复进行多次(一般为3~5次)定位测量;测量方向可以单向趋近定位点,也可以从两个方向分别趋近定位点。其中目标位置的选择可自由进行,一般测量间距按下式确定:

$$P_i = iP + k$$

式中：P_i——测量点实际距离；

　　　i——目标位置序号；

　　　P——测量步距，P 是整数，通常为传动丝杠导程的倍数；

　　　k——任意十进制小数，以获得全测量行程上各目标位置的不均匀间隔，从而保证周期误差被充分采样。

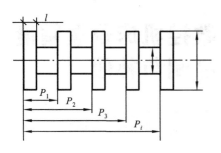

图 6-1　步距规结构图

本实验采用步距规进行测量。步距规结构如图 6-1 所示：尺寸 P_1，P_2，…，P_i 按 100 mm 间距设计，加工后测量出 P_1，P_2，…，P_i 的实际尺寸作为定位精度检测时的目标位置坐标（测量基准）。以 TH6340 型交换台卧式加工中心 X 轴定位精度的测量为例。测量时，将步距规置于工作台上，并让步距规轴线与 X 轴轴线平行，令 X 轴回零；将杠杆千分表固定在主轴箱上（不移动），表头接触在 P_0 点，表针置零；用程序控制工作台按标准循环图（见图 6-2）移动，移动距离依次为 P_1，P_2，…，P_i，表头则依次接触到 P_1，P_2，…，P_i 点，表盘在各点的读数则为该位置的单向位置偏差。按标准循环图测量 5 次，将各点读数（单向位置偏差）记录在记录表中，按国家标准定位精度和重复定位精度的评定方法对数据进行处理，可确定该轴线的定位精度和重复定位精度。

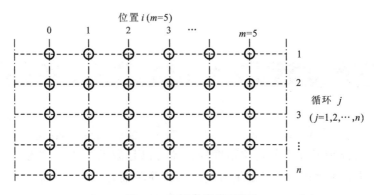

图 6-2　标准检验循环图

除传统的检具外，数控机床重复定位精度、定位精度及反向差值的检测常采用双频激光干涉仪来进行。

激光干涉仪测量系统通常由激光头（激光发射器）、遥控装置、计算机、显示器、空气传感器、温度传感器及图形绘制仪器等组成，并配以专用测量软件，可以实现图形显示等功能，其测量原理如图 6-3 所示。

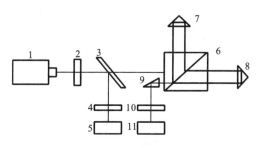

图 6-3 激光干涉仪测量原理图

1—激光器;2—λ/4 片;3—分光器;4、10—检偏器;

5、11—接收器;6—偏振分光器;7、8—反射镜;9—棱镜

图 6-4 为用激光干涉仪测量轴定位精度元器件的安装示意图。

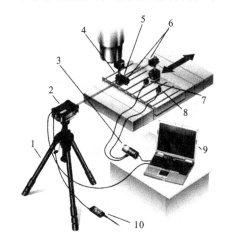

图 6-4 测量轴定位精度元器件的安装示意图

1—三脚架;2—XL 激光头;3—XC 补偿单元;4—光学镜安装组件;5—线性干涉镜;6—线性反射镜;

7—材料温度传感器;8—空气温度传感器;9—计算机(运行激光校准软件);10—电源

知识点 2 传动误差分析及测量补偿

1. 因滚珠丝杠副而产生的进给传动误差

由于滚珠丝杠副在加工和安装过程中存在误差,因此滚珠丝杠副将回转运动转换为直线运动时存在以下两种误差。

(1)螺距误差,即丝杠导程的实际值与理论值的偏差。例如 P_{III} 级滚珠丝杠的螺距公差为 0.012 mm/300 mm。

(2)反向间隙,即丝杠和螺母无相对转动时,丝杠和螺母之间的最大窜动量。由于螺母结构本身的游隙以及其受轴向载荷后的弹性变形,滚珠丝杠螺母机构存在轴向间隙;该轴向间隙在丝杠反向转动时表现为丝杠转动 α 角,而螺母不移动,从而形成反向间隙。为了保证丝杠和螺母之间的灵活运动,必须有一定的反向间隙,但反向间隙过大将严重影响机床精度。因此,数控机床进给系统所使用的滚珠丝杠副必须有可靠的轴向间隙调节机构。图 6-5 所示为常用的双螺母螺纹调隙式结构,它用平键限制了螺母在螺母座内的转动,调整时只要拧动调整螺母,就能将滚珠螺母沿轴向移动一定距离,再把反向间隙减小到规定的范围后,便可将滚珠螺母锁紧。

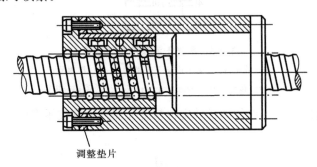

调整垫片

图 6-5　双螺母螺纹调隙式结构

2. 因电动机与丝杠连接及传动而产生的间隙误差

电动机与丝杠的连接及传动方式通常采用直联、同步带传动及齿轮传动三种形式,其传动的特点如表 6-1 所示。

表 6-1　电动机与丝杠连接及传动而产生的间隙误差

连接方式	特　　点	有无间隙
直联	联轴器将电动机轴和丝杠沿轴线连接,其传动比为 1∶1	无
同步带传动	同步带轮固定在电动机轴和丝杠上,用同步带传递扭矩。该传动方式的传动比由同步带轮齿数比确定,传动平稳	有
齿轮传动	电动机通过齿轮或齿轮箱将扭矩传到丝杠上,传动比可根据需要确定。该传动方式传递的扭矩大	有

3. 因伺服机构的不同类型而产生的间隙误差

伺服机构分为开环、半闭环和闭环三种类型。三种控制方式的数控系统结构特点及控制传动链间隙补偿情况如表 6-2 所示。

表 6-2　三种控制方式的数控系统结构特点及控制传动链间隙补偿情况

连接方式	特　　点	能否实现间隙补偿
开环系统	由步进电动机驱动电路、电动机组成。每一脉冲信号驱动步进电动机通过滚珠丝杠副螺母轴向移动一个导程距离	能,效果明显

续表

连接方式	特　　点	能否实现间隙补偿
半闭环系统	由比较电路、伺服放大电路、伺服电动机、速度检测器和位置检测器组成。位置检测器装在丝杠或伺服电动机的端部，利用丝杠的回转角度间接测出工作台的位置	能，效果比较明显
闭环系统	由比较电路、伺服放大电路、伺服电动机、速度检测器和位置检测器组成。位置检测器安装在工作台上，可直接检测出工作台的实际位置	能，效果不明显

4. 激光干涉仪的测量原理

如图 6-3 所示，将 He-Ne 激光器 1 置于永久磁场中，由于塞曼效应，激光原子谱线分裂为旋转方向相反的左、右圆偏振光。设两束光的振幅相同，频率分别为 f_1 和 f_2（f_1 和 f_2 相差很小）。左、右圆偏振光经 $\lambda/4$ 片 2 后变成振动方向相互垂直的线偏振光。一部分光束被分光器 3 反射，经检偏器 4 形成频率分别为 f_1、f_2 的拍频信号，由接收器 5 接收，作为参考信号；另一部分光束通过分光器 3 进入偏振分光器 6，其中平行于分光面的频率为 f_2 的线偏振光完全通过分光器 6 到达可动反射镜 8，可动反射镜 8 以速度 v 移动时，由于多普勒效应产生差频 Δf，这时 f_2 变成 f'（$f'=f_2+\Delta f$）；而垂直于分光面的频率为 f_1 的线偏振光完全发射到固定反射镜 7 上。从反射镜 7 和 8 发射回来的两束光到达偏振分光器 6 的分光面时会合，再经转向棱镜 9、检偏器 10，由接收器 11 接收，作为测量信号。测量信号与参考信号的差值即为多普勒频率差 Δf。计数器在时间 t 内计取频率为 Δf 的脉冲数 N，相当于在 t 时间内对 f 积分所得值，即

$$N = \int \Delta f \mathrm{d}t \tag{6-1}$$

$$\Delta f = 2vc/f \tag{6-2}$$

而 $v=\mathrm{d}l/\mathrm{d}t$，$f=c/\lambda$，则

$$N = (2/\lambda)\int \mathrm{d}l = 2l/\lambda \tag{6-3}$$

故测量距离为

$$l = N\lambda/2 \tag{6-4}$$

式中：N——累计脉冲数；

　　　λ——激光波长；

　　　c——光速。

因此，当移动可动反射镜 8 时，可通过累计脉冲数得到测量距离。当把测量距离与数控机床上的光栅尺读数相减时，即可得到数控机床的定位误差。

5. 数控机床位置精度常用的测量方法及评定标准

数控机床位置精度的标准术语定义对比如表 6-3 所示。

表 6-3　数控机床位置精度的标准术语定义对比

术语	定义				
	ISO230-2	VDI/GGQ3441	NMTBA	JISB6330	GB/T 17421.2—2000
目标位置的选择 (P_j)	每个目标位置的数值可自由选择： $X=(N+r)p$ 式中：r——任意十进制小数（每个目标位置取不同值）； P——测量轴的最大周期节距； N——整数	测量位置之间的距离应该是不规则的，以便保证能把周期误差的最大周期包含在内	随机选取	对测量位置间加"约"字，以便能把周期误差包含在内	按下式随机选取： $P_j=(j-1)it+r$ 式中：j——目标位置序号； t——目标位置间距（不应取丝杠导程的倍数）； r——任意十进制小数不同值，当 $j=1$ 时，$r=0$） （每个目标位置取不同值，当 $j=1$ 时，$r=0$）
所需目标位置数	行程≤2 m 时，按每全长最少5个目标位置选择；行程≥2 m 时，在制造厂与用户约定的正常工作区内检验或用户根据检测元件的每个单元全长至少在每个方向上进行一次测量，或在测量系统连续时，每间隔250 mm 测量一次	行程≤2m 时，至少应选10个目标位置；行程＞2m 时，每尺寸单位至少应增设1个目标位置	未明确规定	定位精度的目标位置数，由各类型数控机床按其长度具体规定。对于加工中心，规定1 m 内每(约)50 mm 取1个目标位置。重复定位精度的目标位置，则规定只在行程的中间和两端取3个目标位置	行程≤1 m 时，取5个目标位置；行程为1～2 m 时，取10个目标位置；行程为2～6 m 时，在常用工作行程2 m 内取10个目标位置或取每250 mm 或500 mm 取1个目标位置；行程＞6 m 时，由制造厂商与用户协商决定
测量方向（相反方向的两个方向，单向趋近）	除非另有规定，否则按双向趋近	建议按双向趋近	未明确规定，常采用单向趋近	定位精度和重复定位精度只用单向趋近评定	应根据机床的结构特性规定，按单向或双向评定，如未标明，则按双向评定

续表

术语	定义				
	ISO230-2	VDI/GGQ3441	NMTBA	JISB6330	GB/T 17421.2-2000
每个目标位置测量次数(n)	每个方向进行5次测量	每个方向进行5次测量	除非另有规定，否则每个方向进行7次测量	定位精度在每个方向进行1次测量，重复定位精度和反向差值在每个方向进行7次测量	行程不大于2 m时，每个方向进行5次测量；在正常用工作行程上进行5次时，测量，而在其余部分进行3次测量；行程大于6 m时，由制造厂商与用户协商决定
位置偏差（$X_{ij}\uparrow$, $X_{ij}\downarrow$）	运动部件实际到达的位置减去目标位置之差，即 $X_{ij}=P_{ij}-P_j$	沿某一轴线方向，实际位置与目标位置比较的平均值的最大差值，即 $P_a=\lvert X_{jmax}-\overline{X}_{jmax}\rvert$	目标值与平均值之间带符号的差值	基准位置的实际距离与规定距离移动距离之差	实际位置减去目标位置之差，即 $X_{ij}=P_{ij}-P_j$
定位精度（A）	不考虑运动方向和位置的 $\overline{x}_i-$ 和 3S 两极值的最大差值。对单向和双向趋近均适用	无相应术语，用定位不可靠性 P 评定，虽然计算方法差别很大，但最终计算结果与 ISO 的定位精度很接近。即 $P=\left[\overline{x}_j+\dfrac{1}{2}(U_j+P_{sj})\right]_{max}-\left[\overline{x}_j-\dfrac{1}{2}(U_j+P_{sj})\right]_{min}$ 它基本上包括了位置偏差、重复定位精度和反向差值的总和	对某点处 NC 系统的定位精度，定为该点目标值之间带符号的平均值之差加上该点处的分散值所给出的最大绝对值之和。即 $A=\Delta X\pm3\sigma$。对单向和双向趋近均适用。用局部误差（样板法检验）定位精度用 ±A/2 来表示定位精度	从基准位置开始向同一方向顺次定位，取全行程上最大定位偏差，表示其定位精度。即 $P=\lvert X_j\rvert_{max}$ 正向和负向分别计算，它不包括分散度	$\overline{X}+3S$ 与 $\overline{X}-3S$ 两极值的最大差值，即 $(\overline{X}+3S_j)_{max}-(\overline{X}-3S_j)_{min}$ 对单向和双向趋近均适用

续表

术语	定义				
	ISO230-2	VDI/GGQ3441	NMTBA	JISB6330	GB/T 17421.2—2000
重复定位精度 $(R, R$↑$, R$↓$)$	在规定的程序和条件下，沿着或绕该轴线在任意位置处的离散度的最大值。单向趋近时取 $6S_j$↑ 或 $6S_j$↓ 中的最大值；双向趋近时取 $6S_j$↑、$6S_j$↓ 或 $(6S_j$↑ $+6S_j$↓ $+\|B_j\|)$ 中的最大值	将双向趋近中测得的两条正态曲线合成一条，称为正态分散度曲线。最大定位分散度表示各目标位置中 6 倍标准偏差的最大值，即 $P_{max}=6S_j$↓，平均定位分散度 $\overline{P}_s$，是各目标位置分散度的算术平均值，即 $\overline{P}_s=\dfrac{1}{m}\sum\limits_{j=1}^{m}P_{sj}$	规定单向趋近时为在同样条件下对等给定多次趋近，得出以平均定位置 $\overline{X}$ 为中心的分散度；双向趋近时为在同样条件下正、负两方向对等给定多次趋近，得出曲线叠加后以平均位置 $\overline{X}$ 为中心的分散度，用 $\pm3\sigma$ 表示。 $3\sigma=3S=3\sqrt{\dfrac{\sum\limits_{i=1}^{n}(X-\overline{X})^2}{n-1}}$	规定从同一方向在同样的条件下进行 7 次重复定位。取行程上各测点中最大位置偏差与最小位置偏差的 1/2，加土号表示其重复定位精度，即 $P_s=\pm\|X_{max}-X_{min}\|/2$ 正向和负向分别计算	规定取 $6S_j$↑ 或 $6S_j$↓ 中的最大值。对单向和双向趋近均适用
标准偏差 $(S, S$↑$, S$↓$)$	在某目标位置 P_j 处列 n 个单向测量目标位置偏差的标准偏差法求出，也可用极差法求出。公式法： S_j↑ $=\sqrt{\dfrac{1}{n-1}\sum\limits_{i=1}^{n}(X_j$↑$-\overline{X}_j$↑$)^2}$	用公式法或极差法求出。公式法：同 ISO230-2。极差法：为平均标准偏差，即 $S, R=R_j$	用公式法求出： $S=\sqrt{\dfrac{\sum\limits_{i=1}^{n}(X-\overline{X})^2}{n}}$ 式中：X—检测值； $\overline{X}$—平均值； n—检测次数	不考虑标准偏差	在正文中规定用公式法求出，同 ISO230-2

术语	定义				
	ISO230-2	VDI/GGQ3441	NMTBA	JISB6330	GB/T 17421.2—2000
标准偏差 ($6S_j\uparrow$, $6S_j\downarrow$)	$S_j\downarrow = \sqrt{\dfrac{1}{n-1}\sum\limits_{i=1}^{n}(X_{ij}\downarrow - \overline{X}_j\uparrow)^2}$ 极差法: $6S_j\uparrow = W_j\uparrow/K$ $6S_j\downarrow = W_j\downarrow/K$ 式中:$W_j\uparrow = X_{ij}\uparrow_{max} - X_{ij}\uparrow_{min}$, $W_j\downarrow = X_{ij}\downarrow_{max} - X_{ij}\downarrow_{min}$ K——与检测次数 n 有关的系数	—	—	—	—
反向差值 (B)	从两个方向趋近某目标位置时,两个平均位置偏差之差,即 $B_j = \overline{X}_j\uparrow - \overline{X}_j\downarrow$ 取平均反向差值进行评定,即 $\overline{B}_j = \dfrac{1}{n}\sum\limits_{j=1}^{n}B_j$	从两个方向趋近目标位置时,两个平均位置偏差之差的最大值,即 $U_{max} = |\overline{X}_j\downarrow - \overline{X}_j\downarrow|_{max}$ 还要给出平均值,即 $\overline{U} = \dfrac{1}{m}\sum\limits_{j=1}^{n}|\overline{X}_j\uparrow - \overline{X}_j\downarrow|$	标准中称为"失动",表示正、负向趋近某定点时的两个平均值之间的距离。由于在确定位置分散度时,将两条正态曲线合成为一条,因此不考虑失动量	标准中称为"失动量",规定从两个方向趋近定点时的两个平均值偏差。由于各 7 次,以测量点趋近中反向偏差平均值最大值表示失动量	各目标位置反向差值中的最大绝对值,即 $B = |\overline{X}_j\uparrow - \overline{X}_j\downarrow|_{max}$

1. 螺距补偿

数控机床螺距补偿的基本原理是:在机床坐标系中,在无补偿的条件下,在轴线测量行程内将测量行程等分为若干段,测量出各目标位置 P_i 的平均位置偏差 $\overline{x_i}\uparrow$($\uparrow$ 表示单向平均偏差),把平均位置偏差反向叠加到数控系统的插补指令上,如图 6-6 所示;指令要求沿 X 轴运动到目标位置 P_i,目标实际位置为 P_{ij},该点的平均位置偏差为 $\overline{x_i}\uparrow$;将该值输入系统,则 CNC 系统在计算时自动将目标位置 P_i 的平均位置偏差 $\overline{x_i}\uparrow$ 叠加到插补指令上,实际运动位置为 $P_{ij}=P_i+\overline{x_i}\uparrow$,使误差部分被抵消,实现误差的补偿。对数控系统可进行螺距误差的单向和双向补偿。

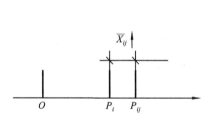

图 6-6　螺距补偿原理

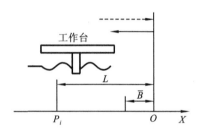

图 6-7　反向间隙补偿

2. 反向间隙补偿

反向间隙补偿又称为齿隙补偿。在机械传动链改变转向时,反向间隙的存在导致的伺服电动机空转而工作台实际上不运动的现象,称为失动。反向间隙补偿的原理是:在无补偿的条件下,在轴线测量行程内将测量行程等分为若干段,测量出各目标位置 P_i 的平均反向差值 $\overline{B}$,作为机床的补偿参数输入系统。CNC 系统在控制坐标轴反向运动时,自动先让该坐标轴反向运动 $\overline{B}$,然后按指令进行运动。如图 6-7 所示,工作台正向移动到 O 点,然后反向移动到 P_i 点;反向时,电动机(丝杠)先反向移动 $\overline{B}$,后移动到 P_i 点;在该过程中,CNC 系统的实际指令运动值为

$$L=P_i+\overline{B}$$

反向间隙补偿在坐标轴处于任何方式时均有效。对系统进行双向螺距补偿时,双向螺距补偿的值已经包含了反向间隙,因此,此时不需设置反向间隙的补偿值。

3. 误差补偿的适用范围

从数控机床进给传动装置的结构和数控系统的三种控制方法可知,误差补偿对半闭环控制系统和开环控制系统具有显著的效果,可明显提高数控机床的定位精度和重复定位精度。对于全闭环数控系统,由于其控制精度高,采用误差

补偿的效果不显著,但也可进行误差补偿。

4. 用激光干涉仪检测定位精度的步骤

(1)安装双频激光干涉仪。

(2)在需要测量的机床坐标轴方向上安装光学测量装置。

(3)调整激光头,使测量轴线与机床移动轴线共线或平行,即将光路预调准直。

(4)待激光预热后输入测量参数。

(5)按规定的测量程序运行机床进行测量。

(6)处理数据并输出结果。

实训项目　滚珠丝杠副的精度检测与补偿

1. 操作仪器与设备

(1)步距规、百分表、杠杆千分表、磁力表座各一个。

(2)双频激光干涉仪一台。

(3)数控机床一台。

2. 实际操作

(1)测量对象为 TH6340 型卧式加工中心的 X 轴,测量方法为"步距规测量法"。假定某步距规的尺寸如表 6-4 所示,试进行单向螺距补偿。

表 6-4　步距规尺寸表

位置	P_0	P_1	P_2	P_3	P_4	P_5
实际尺寸/mm	0	100.10	200.20	300.10	400.20	500.05

(2)试用激光干涉仪测量 TH6340 型卧式加工中心的 X 轴的重复定位精度、定位精度及反向间隙。

3. 操作内容

(1)编制一个加工中心程序,在"自动"方式下运行时,用激光干涉仪完成数据点采样。

(2)对某一台斜床身数控车床,采用"步距规测量法"进行精度检测,并用作图法,以测试位置点为横坐标,以 $\overline{x_i}\uparrow$、$\overline{x_i}\downarrow$、$\overline{x_i}\uparrow \pm 2S_i\uparrow$、$\overline{x_i}\downarrow \pm 2S_i\downarrow$ 为纵坐标,绘出位置误差分布图(横坐标单位为 mm,纵坐标单位为 μm)。

(3)对比补偿前、单向补偿后的精度,分析误差补偿能够提高数控机床的哪些精度。

(4)将本试验中所用的步距规的实际尺寸填入表 6-5 中。

表 6-5　步距规的实际尺寸

位置	P_0	P_1	P_2	P_3	P_4	P_5
实际尺寸/mm	0					

项目
七

电气系统的连接与调试

任务1　项目教学单元设计

【学习目标】

(1) 读懂电气原理图,能根据电气原理图独立进行数控系统各部件之间的连接。

(2) 掌握电气系统的调试及运行方法。

【教学内容】

数控机床电气系统的连接与调试、基本控制逻辑的设计及调试,涉及机床的人机界面(操作面板和机床控制面板)、坐标轴的控制(使能、硬限位、参考点)、机床的冷却系统、机床的润滑系统、机床的液压系统、机床的排屑系统、机床的换刀系统(车床的刀架、系统的刀库)、机床的辅助装置(防护门互锁、报警灯等)。

任务2　项目内容设计

知识点1　数控机床电气系统的总体连接

数控单元电气系统的总体连接包括与外围设备(如机床本体)的连接,外围设备与动力电源的连接,如图 7-1 所示。本项目重点解决数控单元与外围设备(如机床本体)的连接。

数控单元中集成了人机界面、数控运算和可编程控制(PLC)三个功能软件,采用实时操作系统控制。与之配套的有数控编程键盘、手轮、机床控制面板、数

图 7-1 数控单元电气系统的总体连接

字量输入/输出模块以及数字式伺服驱动系统。其中驱动系统又由三部分组成，即驱动电源模块、功率模块和速度环控制模块。数控系统与伺服驱动系统之间采用现场总线连接，构成位置的闭环控制系统。数控机床电气系统的各部件连接如图 7-2 与图 7-3 所示。

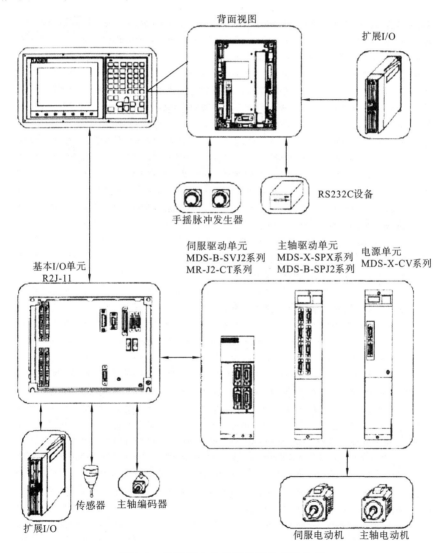

图 7-2 数控机床电气系统的各部件连接

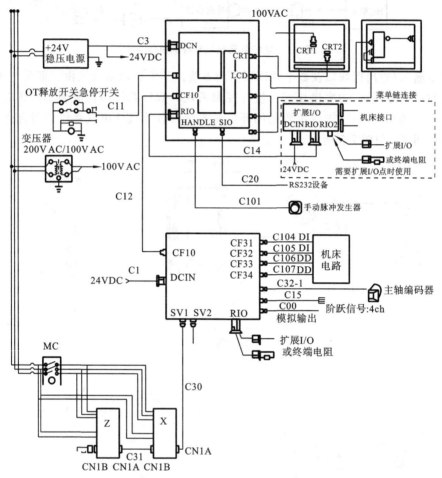

图 7-3　数控机床电气系统的连接

由图 7-2 可知,数控机床电气系统由数控系统单元、基本 I/O 单元、远程 I/O 单元及周边设备等组成。连接控制单元、伺服驱动单元、主轴驱动的屏蔽电缆,为防止噪声引起的误操作影响系统工作的稳定性,将屏蔽电缆接地。

知识点 2　基本控制逻辑的连接及调试

一台数控机床由数控系统控制各个坐标的伺服系统,带动传动系统运动,实现复杂、高精度的轨迹运动,完成零件的加工。因此,可以说数控系统是数控机床的大脑、中枢。

1. 数控系统的基本构成

程序编制装置、输入/输出设备、数控装置、伺服驱动及位置检测装置、辅助控制及强电控制装置等组成一个整体的系统,称为数控系统,即 NC 系统,如图

7-4 中双点画线框所示。

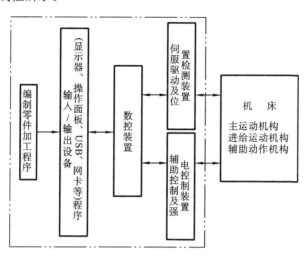

图 7-4 数控机床的主要组成

　　输入/输出设备即人机界面,是数控机床操作人员与数控系统进行信息交换的窗口,如操作人员可通过人机界面向数控系统发出运动指令,如点动、返回参考点、冷却泵启动等,而数控系统又通过人机界面向操作人员提供位置信息、程序状态信息和机床的运行状态信息。现代的数控系统不仅能够通过人机界面提供文字信息,而且还可提供图像信息,如加工轨迹的平面、三维的线架仿真、三维实体模拟及图形编程等。数字控制是数控系统核心,它是数控系统控制品质的体现。数字控制包括轨迹运算和位置调节两大主要功能,以及各种相关的控制功能,如加速度控制、刀具参数补偿、零点偏移、坐标旋转与缩放等功能。逻辑控制部件也称为可编程机床接口或 PLC,是用来完成机床的逻辑控制,如主轴换挡控制、液压系统控制及车床的自动刀架、铣床的刀库、换刀机械手控制的部件。

　　数控系统的特点是操作者可以将要加工零件以程序的方式进行描述,并输入数控系统中。零件程序具有 DIN 标准和 ISO 标准,如直线用 G01 表示,顺时针圆弧用 G02 表示,逆时针圆弧用 G03 表示。利用数控编程标准代码所描述的工件加工过程称为零件程序。数控系统将零件程序存储于程序存储器中,程序启动后,用数控系统的数据处理软件首先对存储器中的零件程序进行译码,译码后的程序进入预读缓冲存储器。数控系统的插补器从预读缓冲存储器中读出经过译码的零件程序,进行插补计算,计算出轨迹位置。数控系统的常用插补方法有直线插补、圆弧插补等,有些数控系统还可以提供样条插补、多项式插补、表格插补等插补方式。由插补器生成的位置指令被送到位置控制器进行位置调节控制。位置控制器根据插补器给出位置控制指令以及伺服电动机测量系统测得的实际位置,生成速度信号送到伺服驱动器。伺服驱动器最终控制伺服电动机向指令位置方向运动。图 7-5 所示的是某一数控系统的传递函数框图。

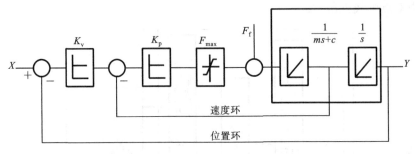

图 7-5　伺服控制系统的传递函数框图

2. 伺服电动机的特性及选型

伺服电动机作为机-电-液一体化产品的能量供应部分,带有反馈装置,能够按照系统的控制要求向系统提供能量和动力来保证系统的正常运行,能够将输入的电压信号转换为电动机轴上的机械输出量,且转速能够随着所加电压信号的变化而连续变化,从而拖动被控制元件,达到控制目的。对伺服电动机的要求具体如下。

(1) 应能控制施加于机械上的力或力矩的大小;

(2) 应能使机械快速或缓慢平滑移动;

(3) 应能调整机械的加速度或减速度的大小;

(4) 应能使机械移动到所规定的距离;

(5) 应能使机械运动跟踪控制指令;

(6) 应能在规定的位置上使机械保持停止状态;

(7) 应能使机械的移动方向在正反两个方向上自由地改变。

伺服电动机的主要类型有两种:回转运动型,其功能是将电能转换为机械能,输出回转运动和转矩;直线运动型,其功能是将电能转换为机械能,输出直线运动和力。其中,回转伺服电动机的反馈装置使转子的角位置在任何时间、任何位置都能够受到检测。电动机必须能够向两个方向回转,通过轴端编码器产生反馈,编码器可以是电压分解器、增量式编码器或绝对式编码器。电子控制器将轴端编码器信号和设定值进行比较,发生偏差时,电动机朝着减少偏差的方向旋转。其工作原理为:当伺服驱动器接收到一个脉冲信号后,它就驱动伺服电动机按设定的方向转动一个固定的角度(称为"步距角")。伺服电动机的回转,是由设计好的程序进行控制、以固定的步距角按脉冲式运行的。

伺服电动机又有直流和交流之分。目前的直流伺服电动机从结构上讲,就是小功率的直流电动机,其励磁多采用电枢控制和磁场控制,但通常采用电枢控制。交流伺服电动机从结构上讲是一种两相异步电动机,其控制方法主要有三种:幅值控制、相位控制和幅相控制。

伺服电动机选型的主要依据是伺服电动机的工作制和定额。"定额"是由制造厂对符合指定条件的电动机所规定的,并在铭牌上标明的有关电量和机械量的全部数值及其持续时间和顺序。"工作制"是电动机承受负载情况的说明,包括启动、电制动、空载、断能停转以及这些阶段的持续时间和顺序。在额定转速范围内伺服电动机可以输出基本恒定的转矩。另外,伺服电动机具有很强的过载能力。由于伺服电动机是在其恒转矩范围内工作,所以首先应按照各个坐标传动系统所需要的转矩选择伺服电动机。每个坐标轴需要的转矩与工作台的质量、导轨的摩擦系数以及丝杠的惯量等参数相关,并且还要考虑切削时需要的动力。

伺服电动机选型的依据:首先是机床设计时定义的性能指标,如坐标轴的最高速度和最大加速度,加工时作用在该坐标轴上的最大分力;其次是机械部件的数据,如伺服电动机与丝杠的连接方式(包括直连方式、减速方式等)、工作台的质量和丝杠的惯量等;另外,还需要考虑伺服电动机的工作温升。通常数控系统的供货商会提供相应的工具软件,用于计算、分析并确定合适型号的伺服电动机。

现代伺服系统中常用的是交流伺服系统,无论是异步电动机还是同步电动机在建立模型上都很困难,很难建立线性微分方程,一般情况下都是在某一小区域内将非线性微分方程线性化。在伺服系统仿真过程中,大多数情况下都是将交流伺服电动机简单化,将其看成直流电动机。因此,建立直流电动机的数学模型是很有必要的。

3. 主轴电动机

主轴的输出功率和主轴的调速范围为数控系统关键的技术指标。

主轴电动机的速度可以在零到标定的最大速度之间连续变化,但在额定输出功率下的调速范围,为额定转速到最大转速。当主轴在低于额定转速的速度下工作时,主轴的输出功率不能达到主轴电动机的额定功率。即使在低于额定转速的工作区,主轴电动机也可以在过载状态下运行,输出更高的功率,甚至输出功率可高于额定功率,但在过载的状态下主轴不能长时间工作。因此,必须合理选择主轴工作点位置。伺服主轴具有很强的过载能力。在使用过程中过载是允许的,但是过载时间应是短暂的。

主轴电动机与主轴的惯量匹配影响主轴的加速特性,主轴加速特性直接影响主轴的快速定向和高速攻螺纹加工等功能。

4. 数控系统的部件连接

图 7-6 所示为某型号数控系统的部件连接图。

从数控系统的部件连接图可以看出,数控单元是整个系统的核心,相当于人的大脑。操作人员可以通过键盘、机床控制面板、通信接口向数控系统发出控制指令或加工零件程序。数控系统经过复杂的计算和处理,通过作为神经中枢的现场总线,向数字量输入/输出模块发出逻辑控制指令,向伺服驱动器发出速度、

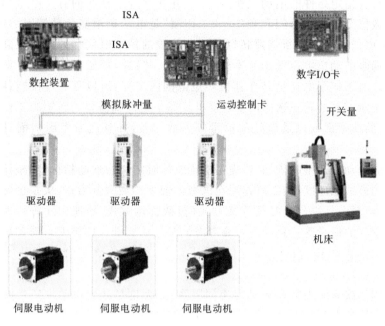

图 7-6　某型号数控系统的部件连接图

位置及轨迹控制指令。伺服驱动器控制伺服电动机完成操作人员发出的加工程序和控制指令。

驱动电源模块将三相交流进线电源转化为 600 V 直流,直流电通过直流母线为功率模块供电,伺服控制模块根据数控系统发出的速度指令,控制伺服电动机运动。伺服驱动系统完成电流和速度的闭环控制。数控单元通过现场总线发出位置控制指令,获得实际位置信息,形成位置的闭环控制。数控系统的"三环"反馈控制如图 7-7 所示。

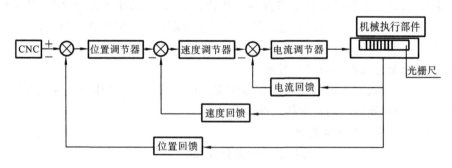

图 7-7　数控系统的"三环"反馈控制

1）驱动器电源模块

驱动器的电源模块中没有制动电阻,而采用向电网馈电的方式制动。在电动机或主轴制动时,驱动器将制动时产生的能量以电流形式馈回电网。这就是说在制动时,驱动器的作用就像发电机。采用馈能制动的方式,可以达到快速的制动效果,同时可以节约能量。对于此类采用馈能制动的驱动器,对其上电和断电必须严格按照驱动器所要求的控制时序进行控制。必须在直流母线开始放电后,才能切断电源模块的三相进线电源。

在驱动器电源模块上配备了三个控制信号,其作用分别如下:

① 控制接触器的接通,使直流母线充电;

② 激活驱动器的脉冲控制逻辑;

③ 使驱动器进入工作状态。

在驱动器电源模块上还有两个状态信号,其分别表示就绪状态(表示所有驱动器模块均进入就绪状态)和故障状态(表示驱动器进入过热或过载状态)。

驱动器电源模块对上电与断电的时序有严格的要求。

与伺服驱动器的功率模块配套的电缆插头上有标有"U"、"V"、"W"的三个接线端子,在电动机的动力电缆中有标有"U"、"V"、"W"的三根导线,如图7-8所示。在连接时,动力电缆的 U 线、V 线和 W 线必须与插头上标有"U"、"V"、"W"的端子对应连接,否则,在伺服电动机工作时会出现正反馈,而使数控系统发出超速警报。

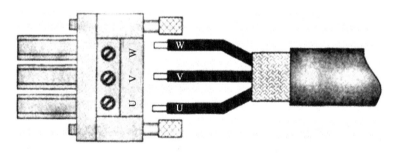

图 7-8 伺服电动机动力电缆的连接

伺服驱动器在运行过程中会产生很强的电磁干扰,特别是电动机的动力电缆,在伺服电动机工作过程中对数控机床电气柜中的其他设备产生电磁干扰,因此,需要将电动机动力电缆的屏蔽层与驱动器的屏蔽连接架连接,如图7-9所示,或者将伺服电动机动力电缆的屏蔽网与接地体(如电气柜的柜体或机床的床身)保持良好的接触。

2) 数控系统的供电

数控系统采用 24 V 直流供电。24 V 稳压电源是数控系统稳定可靠运行的关键。数控系统的数字量输出通常是由外部 24 V 直流电源供电,就是说数控系统的输入/输出模块自身不能提供数字输出的驱动电流。因此,在选择数控系统的供电电源时,必须考虑数字输出所需要的电源容量,如某输出模块的输出接口

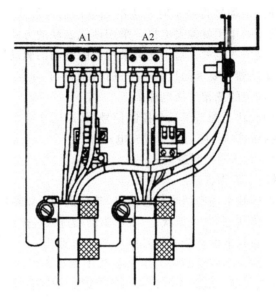

图 7-9　电动机动力电缆的屏蔽

具有 16 位数字输出,输出高电平 24 V 直流电,驱动能力是 0.25 A,同时系数为 1,表示 16 个数字输出接口可同时输出 0.25 A 的电流。通常,每个数字输出信号的驱动能力为 0.2~0.5 A。数字输入/输出模块的同时系数是对数控系统部件性能的描述,但是在计算数字输出所需的直流电源容量时,依照的是数控机床实际上需要同时输出高电平的数字输出位个数。然后根据每个数字输出信号的最大输出电流,就可以计算出某数控机床数字输出需要的 24 V 直流电源容量。

尽可能采用单独的 24 V 直流电源为数字输出模块外部供电,目的是为了避免数字输出驱动的电感性负载对 24 V 直流电源产生的干扰。在数控机床上有很多电感性负载,如继电器、接触器、电磁阀。这些电感性负载在接通或断开时会产生很强的反电势干扰。数控系统(数控单元、键盘机床面板等)与数字输出模块采用单独供电,既保证了数控系统 24 V 直流供电的质量,降低了单个电源的容量,又防止了由于数字输出模块驱动电感性负载产生的电源干扰。

数控系统的 24 V 直流稳压电源还应具有掉电保护功能。所谓掉电保护就是在直流稳压电源的交流输入端出现掉电时,24 V 直流输出保持一定时间的直流稳定电压,然后迅速降至 0 V,如图 7-10 所示。如果选购的直流稳压电源没有掉电保护的功能,可采用单独的上电控制电路对数控系统进行供电。

3) 数控系统电源的共地与浮地

所谓数控系统电源的共地连接是指 24 V 直流电源的 0 V 端与保护接地 PE 连接,即 0 V 与 PE 等电位。共地连接也称为绝对电位连接。所谓浮地是指 0 V

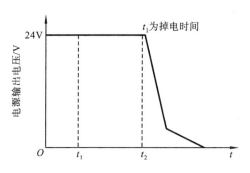

图 7-10　有掉电保护的稳压电源

端与 PE 断开。通常情况下数控系统应采用共地连接。共地连接的系统稳定可靠，特别是数控系统与其他共地设备连接使用时，如通过串行通信电缆与计算机连接，数据通信稳定可靠。对于采用共地连接的数控机床，在使用现场必须具有良好的保护接地措施，绝对不能用中性线代替保护接地线。假如在机床的使用现场，将中性线作为保护接地，当车间的三相电源不平衡时，由于中性线可能带电，会导致数控系统的硬件损坏。有些观点认为，采用浮地连接可以避免在用户现场由于使用中性线代替保护接地而造成的硬件故障，其实这种观点是错误的。根据国家电气安装标准，数控机床必须使用保护接地。假如使用中性线代替保护接地，操作人员的人身安全就无法得到保证，数控系统的稳定可靠运行也难以保证。另外，采用浮地连接的数控系统，在通过 RS-232 接口与计算机或其他设备连接时，很可能由于两设备不共地而导致数控系统的硬件和与之连接设备的硬件产生故障或损坏。

4）伺服驱动器的供电

伺服驱动系统采用三相交流供电，设定的供电电压为 380 V。通常伺服驱动器进线电源的标定容差为 ±10%。在机床运行过程中，保证按照驱动器的要求提供在规定容差范围内的稳定三相交流电源。假如进线电源的电压超出上限或下限，或缺相，驱动器产生进线电源故障报警，驱动器就绪状态信号也会随即无效。为保证在出现进线电源故障时，不会因为坐标轴失控导致工件或刀具损坏，应在就绪信号无效时关断伺服驱动器的控制使能，使其进入制动状态。

通常伺服驱动器的各个使能信号或者通过安全继电器控制，或者通过 PLC 控制，或者通过带前置触点的主电源开关控制。因而可以在主电源接通的同时接通驱动器的电源。伺服驱动器在全部使能条件满足后才能进入正常工作状态，一旦伺服驱动器进入工作状态，就会对电气柜内三相进线回路上的电气部件以及供电电网产生很强的高次谐波干扰，特别是采用回馈制动方式的伺服驱动器。虽然回馈制动式电源模块要求强制配备平波电抗器，但馈电时仍然可能产生干扰。所以，在三相回路上具有敏感电气部件，或在车间内有其他敏感设备与数控机床共用同一路三相供电系统时，应在机床的电气柜内主电源开关与电抗

器之间配备滤波器。电源进线滤波器的作用是减小数控驱动系统在运行时对数控机床的三相供电系统产生的高次谐波干扰。特别是对于出口欧洲的数控机床,根据欧洲电磁兼容协议的要求,任何带有变频装置的用电设备,都不能对所使用的供电系统产生高次谐波干扰。因此,电源进线滤波器是强制配置的。

5. 基本控制逻辑的设计及调试

数控系统的硬件在电气柜中按照要求安装,并且正确地连接完毕之后,就可以进入数控系统的调试阶段。调试的第一项内容就是根据机床电气的技术要求设计并调试 PLC 应用程序。利用数控系统提供的 PLC 开发工具,机床制造厂可以设计数控机床的各种控制功能,如冷却控制、润滑控制、刀库和机械手的控制以及各种辅助动作的控制。通常需要设计的控制装置有:

(1) 机床的人机界面(操作面板和机床控制面板);

(2) 坐标轴的控制(使能、硬限位、参考点)装置;

(3) 机床的冷却系统;

(4) 机床的润滑系统;

(5) 机床的液压系统;

(6) 机床的排屑系统;

(7) 机床的换刀系统(车床的刀架、系统的刀库);

(8) 机床的辅助装置(防护门互锁装置、报警灯等)。

PLC 应用程序的设计及调试是整个数控系统调试的基础。只有在 PLC 基本功能正确无误后,才能调试伺服驱动器、机床参数、刀库等的控制功能。这些基本功能包括操作功能、急停处理、硬限位等与安全相关的功能。在本项目中将对其中一些主要功能的原理、控制功能的设计、互锁条件等相关内容进行描述。

数控系统刚出厂时,机床参数均为默认值,且无 PLC 应用程序,此时数控系统不能完成对机床的操作命令。因为无 PLC 应用程序,机床控制面板上的操作命令不能送达数控系统,因数控机床的 PLC 应用程序上承数控系统命令,下启数控机床的各个动作。从机床控制面板上得到的操作指令,如方式选择、手动操作等,需要通过 PLC 应用程序输送至数控核心。从操作面板上的操作命令,如程序运行控制选项,需要由 PLC 应用程序传送给数控核心。机床的控制命令,如导轨润滑、刀具冷却、换刀等,也需要通过 PLC 应用程序进行计算、分析和判断,并且根据设计要求给出控制指令。因此,对每种型号的数控机床都应设计 PLC 应用程序,并且保证所有与安全功能相关的基本功能,如急停控制、各坐标轴的限位控制等正确无误。只有满足上述条件,才能进行驱动器调试、数控系统参数的设定与调试。

不同型号数控机床设计的 PLC 应用程序,有相当一部分功能几乎是完全相同的,如 PLC 的初始化、急停处理、操作功能,坐标轴的使能控制功能等。可以说不论何种机床,都需要这些功能,这些功能是数控机床的标准功能或称为基本功能。

1)伺服驱动器的使能控制

为了保证数控系统和伺服驱动系统的安全可靠运行,其中有很多使能控制信号,只有当所有使能条件全部满足后,伺服电动机和伺服主轴才能工作。这种使能控制的结构形式可以称为使能链,如图 7-11 所示。从图中可以看出,伺服驱动器的电源模块具有控制接触器、脉冲使能、控制器使能,与之连接的每个轴的驱动器控制模块也有脉冲使能和控制使能。这些使能控制信号为外部使能控制信号。在数控系统接口信号中每个轴同样有相应的脉冲使能和控制使能,这些控制信号称为内部使能控制信号。外部使能由 PLC 应用程序通过外部继电器控制,而内部使能同样由 PLC 应用程序通过数控系统的接口信号控制。

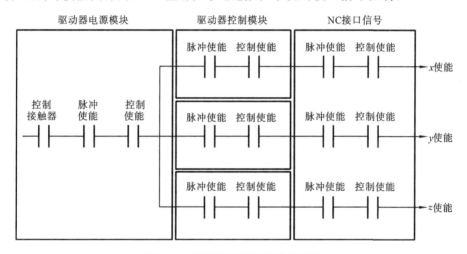

图 7-11   伺服驱动器使能链示意图

原则上,每一级的使能信号都需要 PLC 控制,而且每一级使能都是以前一级使能的状态为依据,这部分 PLC 控制程序归类于坐标轴控制。了解了使能链路上各项使能之间的相互关系,在调试或使用数控机床时,如果数控系统提示"等待轴使能",就可以根据使能链,检查每一级的使能条件是否得到了满足。

2)急停控制和限位控制

急停控制的目的,是在紧急情况下,使机床上所有运动部件制动,并在最短的时间内停止。当然,通过急停按钮直接切断主电源的处理方法是不正确的。其一,运动着的机床部件进入自由状态后,静止的时间会很长;另一方面,直接断电破坏了伺服驱动系统的断电时序,可能导致伺服驱动器的硬件故障。

限位控制是数控机床的一个基本安全功能。数控机床的限位分为硬限位和软限位。硬限位是数控机床的外部安全措施。硬限位的目的是在机床出现失控的情况下断开驱动器的使能控制信号。由于硬限位信号的触发对于数控系统来说是随机的,因此,硬限位生效后坐标轴制动所需的距离与硬限位发生之前坐标轴的速度有关,如图 7-12 所示。硬限位触发时的速度越高,制动距离就越长。数控系统要求硬限位行程开关的碰块必须具有足够的长度,更确切地说,是碰块的长度必须大于减速所需的距离。通常,在数控系统的软限位生效之前应该限制坐标轴的速度。

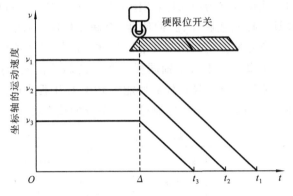

图 7-12 硬限位的制动特性

软限位是数控系统的内部安全功能。软限位的基准位置是机床坐标系的原点,在机床坐标系生效之前软限位是不生效的。软限位是在机床返回参考点后才起作用的。一旦软限位生效,不论是手动操作坐标轴,还是自动运行加工程序,数控系统都将实时监控各个坐标的速度和位置,确保坐标轴能够在设定的软限位位置上停止,如图 7-13 所示。

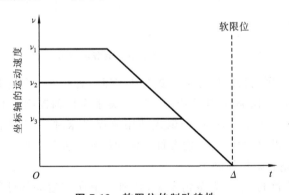

图 7-13 软限位的制动特性

硬限位可以直接通过 PLC 处理。这种处理方式接线简单,调试容易。在图 7-14 中可以看到,每个坐标轴具有一正一负两个限位开关,开关直接连接到 PLC 的数字输入端上。进行硬限位时,PLC 应用程序将硬限位的信号送到数控内核的信号接口,数控系统在接收到硬限位信号后,控制坐标轴迅速制动,直到静止为止,并在数控系统的人机界面产生系统报警,通过报警信息提示操作者某个坐标轴的某个方向出现了硬限位。同时,数控系统激活操作互锁功能,如某个轴出现了正方向硬限位,系统自动封锁该坐标的正方向移动,这时操作者只能向负方向移动该坐标,直到正方向硬限位开关推开碰块为止。

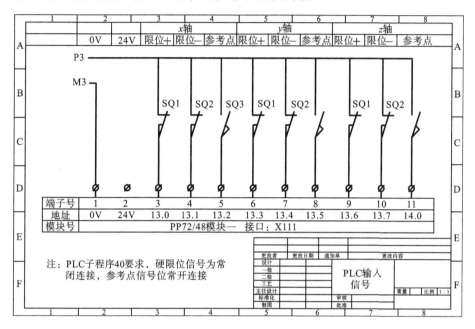

图 7-14 硬限位通过 PLC 处理

在机床上与安全相关的信号大多采用常闭连接方式,比如急停按钮、硬限位开关等。所谓常闭连接是指在行程开关没有与碰块接触时,开关触点闭合,数控系统接收到高电平信号;而在行程开关压住碰块时,开关触点断开,数控系统接收到低电平信号。假如采用常开连接方法,在意外情况下信号线断开,急停或硬限位信号就不能送到数控系统的信号接口,因而数控系统也就不能对紧急情况作出及时反应。当采用常闭的连接方式时,当急停信号线被切断时,数控系统可接收到急停信号并立即进行处理。尽管这时真正的急停没有发生,只是因为信号线断开而导致报警,但这种情况为机床维修人员提供了信息,并引导其查出故障原因。再比如,数控机床出现了硬限位报警,但是硬限位开关明显没有与碰块接触,说明硬限位信号的连接线可能被切断,或者作为输入信号公共端的 24 V直流电源出现故障。

另外一种常用的硬限位连接方式称为超程链。超程链连接可参考图 7-15。这种连接方式的基本原则是,不论急停有效还是硬限位有效,不需要通过 PLC 激活数控系统的紧急处理功能,而是直接断开伺服驱动器的控制使能。由图中可看出,在没有急停,也没有任何硬限位时,继电器 KA1 的控制线圈上加有有效电平,KA1 的触点闭合,驱动器控制使能端 64 与使能端 9 接通。当急停或任意轴的硬限位出现时,继电器 KA1 的控制线圈失电,使得 KA1 的触点断开,从而切

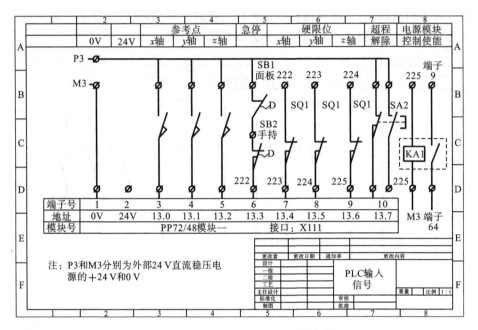

图 7-15　超程链:伺服控制使能的外部控制

断伺服驱动器的控制使能。

采用超程链方案处理急停和硬限位状况时,不需要 PLC 的任何控制,操作人员无法区分故障的原因是急停还是某个轴的某个方向出现硬限位。因此,在使用超程链时,要考虑如何为机床操作人员提供准确的诊断信息,并且需要处理由于超程链方案导致的边界条件。

(1) 诊断信息的生成　按照超程链的设计原则,急停或硬限位时只需断开驱动器的控制使能。对于操作人员来说,当驱动器的使能失效而机床不能继续工作时,一定是急停或者是某个轴的某个方向出现了硬限位,但是无法确定使能失效的真正原因。因此,必须将急停和硬限位的信号全部输入 PLC,由 PLC 应用程序分析,产生正确的报警信息。这就是超程链的连接图中需要将急停以及各点硬限位连接到 PLC 输入模块的原因。以图 7-15 所示的超程链为例,将各种可能出现的情况列在表 7-1 中。通过表格可以看出,急停和各轴的限位都有明确表示。如果将表 7-1 的内容集成到 PLC 应用程序中,就可以准确地提供诊断信息。

表 7-1　超程链状态

超程链编码					结　　果
急停按钮	x 轴限位	y 轴限位	z 轴限位	轴运动方向	
0	0	0	0	无关	急停生效

续表

超程链编码					结　果
急停按钮	x 轴限位	y 轴限位	z 轴限位	轴运动方向	
1	0	0	0	＋	x 轴正限位
1	0	0	0	－	x 轴负限位
1	1	0	0	＋	y 轴正限位
1	1	0	0	－	y 轴负限位
1	1	1	0	＋	z 轴正限位
1	1	1	0	－	z 轴负限位
1	1	1	1	无关	无急停限位

当然,还可以采用在每个轴的两个方向上各设行程开关,这种情况下可设计同样的编码表格用来确定正确的诊断信息。

(2) 超程链的边界条件　使用超程链需要考虑各种边界条件。这些边界条件可能对机床的操作产生影响,甚至导致机械故障。可能出现的边界条件之一是必须在超程链解除时保证坐标轴不会超过某个方向上的机械极限。边界条件之二是在出现硬限位时数控机床断电,由于再次上电后,数控信号接口轴的运动方向信息丢失,无法互锁坐标轴的移动方向。解决方案是利用可保持寄存器来记忆硬限位发生时的方向信息,这样,才能保证按照正确的方向退出硬限位状态。

3) 基本操作功能

数控系统的基本操作有操作方式的选择(手动、自动、MDA、参考点)、手动操作、倍率控制、程序启动、程序停止和复位。基本操作功能通过机床控制面板完成。机床面板上的按键通常通过输入/输出模块连接到数控系统。在数控系统中对基本操作所需控制信号的地址均进行了定义,每个信号位对应机床面板上的一个操作键。

PLC 应用程序从机床面板信号接口中读取按键的状态,然后将操作信号送到信号接口对应的位置,数控系统的内核 NCK 根据操作人员的操作指令激活相应的控制功能。同时,内核 NCK 会通过接口将系统的实际状态反馈到 PLC 接口。

(1) 进给倍率和主轴倍率　为便于操作者设定工件坐标系的原点或者设置刀具参数,在机床控制面板上都设有倍率选择开关,用于进给轴或主轴的速度修调。

通常采用编码式旋转波断开关作为倍率选择开关。进给轴速度的调整范围一般为 0~120%,主轴速度的调整范围为 50%~120%。倍率开关的编码有格林码和二进制码。另外,在进给倍率开关的挡位设定上可以看出,在 0~10% 之间,倍率的步距划分得很细,在 70%~120% 之间步距为 5%。其用意是在操作人员对刀或测量零点发生偏移时,可以对坐标轴的速度进行微小的调整。

由表 7-2 可以看出,在格林码中没有全"0"的编码。利用格林码的这个特性,可以检测机床面板上的公共电源是否正常,如果 5 位格林码都是"0",说明机床控制面板的公共电源出现故障,也就是说,这时该机床控制面板上的操作功能可能已经失灵。这时应通过 PLC 应用程序使机床进入紧急状态,如急停或进给保持等。

对于机床制造厂自制的操作控制面板,如果使用的是二进制编码的倍率开关,在 PLC 应用程序中可以参照表 7-2,将二进制倍率码转换为 5 位格林码,填写到对应的机床控制面板信号接口中。

表 7-2 格林码进给倍率和主轴倍率的对照

开关挡位	格林码	进给倍率/(%)	主轴倍率/(%)
1	00001	0	50
2	00011	1	55
3	00010	2	60

(2)电子手轮 电子手轮是数控机床特有的一个操作部件,它是仿照普通机床的操作方式而设计的。利用电子手轮可以在手动方式下移动坐标轴,进行工件原点和刀具参数的设定。电子手轮每转具有 100 个刻度,每个刻度对应的位移称为手轮增量。增量 1 表示 0.001 mm,增量 10 表示 0.01 mm,增量 100 表示 0.1 mm。有的数控系统可以选择增量 1 000 表示 1.0 mm,操作人员也可自由设定可变增量。电子手轮既可以在机床坐标系下生效,也可以在工件坐标系下生效。在机床坐标系下,利用手轮移动坐标轴时,只有被选中的坐标轴会发生移动。当工件坐标系与机床坐标系之间是平移关系时,在工件坐标系和机床坐标系下的手轮操作完全相同。但是当工件坐标系与机床坐标系不但有平移的关系,而且还有旋转关系时,利用电子手轮移动工件坐标系下的某一轴,可能导致机床坐标系下的几个轴同时运动。在设计相关 PLC 子程序选择电子手轮控制的坐标轴时,应参考该信号接口。

电子手轮的硬件接口大多采用 RS-422 标准的差分协议。一个电子手轮由 2 个信号,6 根导线($A,A,B,B,+5$ V,0 V)构成。如果电子手轮不生效,首先要检查手轮的接线是否正确;如果确认接线无误,则应检查手轮的生效条件。电子手轮的生效条件是在机床坐标系或工件坐标系下的信号接口中"激活手轮"位置"1",同时,必须选择一个手轮增量。需要注意的是,轴接口中的手轮选择位和通道接口中的手轮选择位不能同时被置位,不能同时有两个不同的增量被置位。如果接口信号的设置正确,但手轮仍然不生效,应检查该通道信号接口中的复位信号位、循环停止信号位、通道的进给保持信号位以及轴接口中的进给保持位是否被置位。有些机床采用手持操作单元。手持操作单元是一个可移动的机床控制面板。手持操作单元上一般配有电子手轮、轴选择开关和增量选择开关、急停按钮、轴的点动按钮等,有些还有位置显示器。

(3)进给轴的手动控制 在手动方式下不仅可以通过电子手轮移动坐标轴,而且还可以通过机床控制面板上的点动键移动坐标。手动移动坐标时,既可以采用连续点动方式,也可以采用增量点动方式。在连续点动方式下,按住某坐标轴在机床面板上的正方向或负方向键,这时坐标轴就按照所需的方向移动,松开方向键后,坐标轴的运动随即停止。点动过程中,数控系统屏幕上的坐标轴名前面会出现"+"号或"-"号,该符号应该与点动方向键上的符号相同,否则,说明PLC应用程序中点动方向的控制是错误的。按下点动方向键的同时,按下快速叠加键,坐标轴可快速运动。

按键增量点动与电子手轮增量点动的操作效果是有区别的。对于按键增量点动,选择一个相同的增量时,不论点动键按下多长时间,坐标轴只移动一个增量对应的距离。假如在没有移动完一个增量时松开点动键,坐标的移动也随即停止;而电子手轮只能产生脉冲,不能产生连续的移动指令,因此,在利用电子手轮增量点动时,手轮生成的一个脉冲对应一个增量位移。通过对比图 7-16 和图 7-17 可以看出,按键增量点动和电子手轮增量点动的区别。

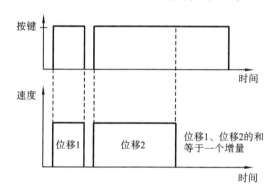

图 7-16 按键增量点动

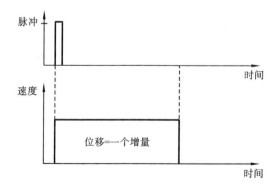

图 7-17 电子手轮增量点动

正是由于手轮增量点动时,手轮产生的一个脉冲会使坐标轴完成一个增量的位移,从安全的角度考虑,在手轮操作时应尽可能避免选择过大的增量。数控系统的默认参数规定,对大于 1 000 的增量自动加权,就是说对于选择增量 1 000,一个手轮脉冲的实际位移大约只有 0.7 mm。当然,通过调整数控系统的参数可以关闭手轮增量的加权,这时数控系统可以按照实际选择增量移动坐标轴,即选择了增量 1 000,电子手轮的一个脉冲可以使坐标移动 1.0 mm。但是,在设计数控机床的操作功能时,应尽可能避免选择大于或等于 1 000 的增量。如果设计了大增量,必须在机床操作说明书中强调注意操作安全。

(4)程序运行控制选项 数控系统均配备了零件程序运行的控制选项,它们将影响零件程序运行的方式。这些选项可以通过人机界面的选择窗口激活,或通过机床控制面板上的选择键激活。常用的控制选项如下。

① 程序有条件停止或称为"有条件停止"(M01)。

② 快速倍率(rapid override) 通常在机床控制面板上只有一个进给倍率开关。

③ 空运行(dry run) 空运行的作用是快速运行零件程序。

④ 程序跳段(skip block) 程序跳段的作用是取消零件程序中段首带有"/"的程序段。在零件程序的调试过程中可能增加了一些辅助或临时测试的程序段,只需在这些程序段首增加"/"字符,这些程序段的处理就非常灵活。

⑤ 程序测试(program test) 程序测试的目的是按照实际编程的速度 F 执行零件程序,但没有实际坐标轴的运动。"程序测试"激活后,在手动方式下不能移动坐标轴,也不能返回参考点。

⑥ 程序单段运行(single block) 单段运行是零件程序运行的一种方式,单段方式用于零件程序调试。

4)刀具冷却控制

刀具冷却系统由冷却液储存箱、冷却泵、过滤器、电磁阀、管路等构成。有些数控机床为了特殊加工的需要,还同时配备了压缩空气冷却系统。液冷系统和气冷系统可以分别启动,也可以同时启动,将液冷和气冷结合生成雾冷。各种不同的冷却方式用于不同的刀具、材料和加工需求。

刀具冷却可以在手动方式下,通过机床控制面板上的操作键启动或停止。在自动方式下可以通过零件程序中的辅助指令启动或停止。在数控标准中规定,辅助功能 M07 为第一冷却介质启动,M08 为第二冷却介质启动,M09 为冷却停止。

大多数机床只配备了液体刀具冷却功能。从电气设计上而言,刀具冷却的控制十分简单,只需控制冷却泵的启动和停止。

5)导轨润滑控制

数控机床的各个坐标轴导轨都安装有润滑系统,可将润滑油送到导轨上。

有的机床采用按时间控制的统一润滑模式,以设定的时间间隔同时对所有的坐标轴进行润滑。有些数控机床采用按坐标轴移动距离的润滑模式,当某个轴所设定的润滑距离到达后,对该轴进行润滑。采用统一润滑模式时需要设定润滑的时间间隔和每次润滑的时间。采用逐轴润滑模式时需要设定每个坐标轴的润滑距离以及每次润滑的时间。对于统一润滑模式,机床上设计了一个润滑泵,该润滑泵启动后,将润滑油通过压力送到所有坐标轴的导轨上。采用逐轴润滑模式时,机床上不仅设置了一个润滑泵,而且设置了若干个电磁阀,润滑泵启动后,通过不同的电磁阀将润滑油输送到某一个需要润滑的坐标轴上。

通常,机床制造厂为其机床设计润滑控制的 PLC 应用程序时,多利用数控系统提供的 PLC 参数作为可设定的润滑间隔和润滑时间,而与润滑相关的移动路程则是一个数控系统的机床参数。当某坐标轴移动过的路程大于或等于设定的润滑路程时,由数控系统通过信号接口向 PLC 发出润滑脉冲。利用这个脉冲,PLC 应用程序可以启动对某个坐标轴的润滑控制。

6) 车床刀架控制

车床的刀架是车床自动换刀的机构,是车床上一个重要的部件。刀架具有很多种类,有用霍尔元件检测刀位的简易刀架,有带位置编码可双向换刀的自动刀架,有可带动力刀具的自动刀架。控制刀架旋转有的使用普通异步电动机,有的使用伺服电动机。有很多刀架的制造厂为车床提供各种各样的刀架。每个厂家生产的刀架控制方法都有所差别,就是同一厂家生产的不同型号的刀架,其控制时序也不是百分之百相同。

(1) 简易刀架的控制 简易刀架是经济型车床上最常用的一种自动换刀机构。它的机械结构简单,调试和使用方便。刀架采用三相异步电动机驱动,刀位检测采用霍尔元件,如四工位立式刀架。

这种刀架只能单方向换刀,电动机正转换刀,反转锁紧。刀架反转锁紧时刀架电动机实际上处在一种堵转状态,因此,刀架电动机反转的时间不能太长,否则,可能导致刀架电动机的损坏。刀架上每一个刀位都配备一个霍尔元件,如 4 工位刀架,需配备 4 个霍尔元件。霍尔元件的常态是截止,当刀具转到工作位置时,利用磁体使霍尔元件导通,将刀架位置状态发送到 PLC 的数字输入端。

由于霍尔元件只有导通和截止两种状态,对于电平有效的数控系统数字输入接口,应该使用大约 1.5 kΩ 的上拉电阻将导通和截止的状态变成低电平和高电平。刀架电动机的转动由 PLC 数字输出控制。通过 PLC 的数字输出,控制直流继电器,继电器再驱动交流接触器接通三相交流电源,使刀架电动机正转或反转。

(2) 无机械手圆盘刀库的控制 无机械手圆盘刀库俗称无机械手斗笠式圆盘刀库,这种刀库的一个特点是采用固定刀位管理,即刀库中每个刀套只用于安放一把固定的刀具。

刀库相关的输入信号如下。

① 刀库后位到位 "0"表示刀库缩回没有到位,"1"表示刀库缩回到位。

② 刀库前位到位 "0"表示刀库伸出没有到位,"1"表示刀库伸出到位。

③ 刀库计数 下降沿表示转过一个刀位。

④ 刀库原点 上升沿表示刀库原点,即一号刀位找到。

⑤ 刀库换刀位置有刀检测 刀库伸出后,如果为"1",表示换刀位置上有刀。

⑥ 主轴松刀到位 "1"表示刀具放松到位,可以将刀具从主轴刀套中取走。

⑦ 主轴刀套有刀检测 "1"表示主轴刀套内有刀。

虽然并非所有机床都能够配备主轴刀套有刀检测和刀库换刀位置有刀检测装置,但这两个检测信号对于换刀的安全是十分重要的。

刀库相关的输出信号如下。

① 刀库伸出 控制刀库伸出到换刀位置。

② 刀库缩回 控制刀库缩回到原始位置。

③ 刀库正转 控制刀库正转。

④ 刀库反转 控制刀库反转。

⑤ 刀具卡紧 控制刀库卡紧。

⑥ 刀具放松 控制刀库放松。

⑦ 放松吹气 松刀时控制压缩空气吹出,防止异物进入主轴刀套。

这种类型的刀库换刀动作可分为三个,即取刀、还刀和换刀。由于采用固定刀位管理方式,刀具的交换实际上是还刀和取刀两个动作的合成。因此,刀库的控制只有两个换刀动作,就是还刀和取刀这两个动作。

为了方便刀库的调试,可以设计刀库的手动调试方式。刀库调试时可能用到的手动操作功能有刀库正转、刀库反转、刀库伸出、刀库缩回、主轴松刀、主轴紧刀,有些还需要刀库返回原点的功能。

在调试刀库时,可手动操作使刀库正转或反转,以此来调试刀库的计数器。在刀库调试完毕后,用户可以利用刀库的手动操作进行刀库的设置以及装刀和卸刀。采用不同厂家生产的刀库,计数脉冲的时序可能也不同。因此,在调试刀库动作时,需要根据选配刀库的实际时序来调整用于计数的PLC应用程序。为了调试方便,刀库的正转、反转操作最好采用点动方式,即每次按正转键或反转键,刀库只移动一个位置,并且将PLC应用程序中刀库计数器的计数值通过数控系统的状态显示,或利用数控系统的用户报警装置显示出来,以验证计数器运行的正确性。由于刀库制造商不同,刀库位置计数传感器的电气特性也不完全相同,有的是高电平有效,有的却是低电平有效。刀库位置计数传感器的安装可参见图7-18。对于高电平有效的计数传感器,要利用上升沿作为计数器的计数条件,而低电平有效的计数传感器,要利用下降沿作为计数器的计数条件。

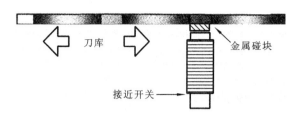

图 7-18 刀库位置计数传感器的安装

PLC 应用程序中关于计数的程序,需要根据刀库计数器的特性进行调整。在数控系统定型后,只要改变刀库供货商,就有可能需要改变 PLC 应用程序中关于计数的程序。

刀库调整时的另一项任务是调试刀库的基准位置,即刀库原点,目的是使刀库的实际位置与刀库计数器的值相等。有些刀库配备了刀库原点传感器,而有些刀库却没有原点。如果刀库上配备了原点检测开关,就应设计刀库手动回原点的操作键,或者通过自定义的刀库回原点循环程序使刀库返回原点。当 PLC 应用程序接到回原点命令后,旋转刀库寻找原点开关的上升沿。找到原点开关的上升沿后,PLC 应用程序给刀库计数器赋值,使计数器的初始值为 1。如果刀库没有配备原点开关,则可以利用刀库手动转动的功能,将刀库转动到一号刀套的位置,然后利用自定义的循环程序通知 PLC 应用程序,给刀库计数器赋初值。

在刀库调试时,还可以通过手动控制,使刀库伸出和缩回、主轴松刀和紧刀,目的是检查各种动作到位信号的正确性。假如被检测动作的到位信号在动作指令发出后的某一时间内仍然没有发出,则表明到位传感器可能有问题。此时可通过 PLC 应用程序产生警报,提示调试人员进行硬件检查。只有在所有动作的到位信号都正确无误后,才能进行刀库连续动作的调试。

为了使手动操作方便,可在数控机床上设计一个刀库手动操作站。手动操作站应由机床控制面板激活。手动操作站可以安置在接近刀库的位置。在刀库操作站生效后,由 PLC 应用程序控制数控系统进入手动方式。由于刀库手动操作经常用在机床生产的调试过程中,可能会有装配调试人员在机床的防护罩内进行安装作业。因此,在刀库调试过程中,必须严格遵循安全操作规程,确保生产人员的人身安全。一旦刀库手动操作生效,任何人员不得进入机床的加工区域。

(3)带机械手的盘式刀库的控制 带机械手的刀库通常采用随机存取刀具的方式,可以预选刀具。在零件程序运行的同时,刀库可以将下一把刀具提前转到换刀位置上。换刀指令生效后,机械手将主轴刀套内的刀具与刀库换刀位置刀套内的目标刀具直接交换。带机械手的刀库与不带机械手的刀库的区别是:带机械手的刀库采用随机存取刀具的方式;而不带机械手的刀库则采用固定刀位。带机械手的刀库增加了机械手的控制,因而相关的 PLC 应用程序也相对复杂。机械手的结构和控制方法因机械手的生产商不同而异,有的采用液压控制,每个动作配有两个电磁阀;有的采用异步电动机控制,通过凸轮控制机械手的动作。

6. 数控系统基本参数的调试

在完成 PLC 应用程序的设计调试任务后,就可以开始调试数控系统的基本参数了。由于各种不同品牌数控系统的调试方法不尽相同,因而在本项目中以某型号数控系统为例,来介绍数控系统调试的基本过程以及在调试中如何解决可能出现的问题。

正确调试一台数控机床的控制部分,应该按照以下步骤进行。

① 初始化数控系统(完成数控系统功能配置和轴的配置)。

② 调试 PLC 应用程序所涉及的相关功能(如急停、硬限位等)以及操作功能生效。

③ 设定驱动器基本参数(如电动机型号、总线地址等)。

④ 设置数控系统的基本参数(如控制参数、机械传动参数、速度参数等)。

⑤ 进行误差补偿(反向间隙、螺距误差等)设置。

⑥ 驱动器速度控制特性优化。

⑦ 设定用户保护装置。

⑧ 进行数据备份。

将数控系统的各个硬件按照设计要求在电气柜中安装完毕,且正确地连接好后,就可以进行数控系统的调试了。必须注意的是,各个部件之间的正确连接是数控系统顺利调试的基础。调试的过程是首先调试 PLC 应用程序,然后在确认与安全相关的功能调试完成后,才能进行驱动器参数和数控系统基本参数的调试。

1) 做好调试前的准备

调试前的准备工作是必要的。除了系统的各部件的连接以外,还需要准备调试必备的工具。硬件工具包括一台配置符合调试工具软件要求的计算机,一条用于调试 PLC 程序和数控系统的 RS-232 通信电缆和一条调试驱动器的 RS-232 电缆。

数控系统提供的各种调试工具软件是系统资源的一部分。在调试准备阶段,将数控系统提供的工具软件安装在计算机中,并且掌握数控系统提供的各种软件工具的使用。

2) 数控系统的保护级别

一台数控系统根据应用的需要设定了不同的保护级别,这些保护级别如下所述。

① 数控系统级 用于数控系统供货商调整或配置数控系统的功能,在该级

别下可以对系统轴配置和功能配置参数进行设定。

②　机床制造厂级　用于机床制造厂的生产人员设定数控系统的基本参数。

③　机床用户级　用于最终用户更改应用数据,如刀具数据、补偿和偏移量等。

④　PLC控制的保护级　PLC应用程序可控的保护级。

对应于前三种保护级,数控系统分别设有三种不同的口令用于进入或退出相应的保护级。

对于数控系统的每个机床参数,根据其用途都设有固定的参数生效级别。参数生效级别是用来确定输入参数在什么条件下生效的。参数的生效级别如下。

（1）上电生效　输入的参数只有在数控系统重新上电后才能生效。

（2）复位生效　输入的参数在机床面板上的复位键按下后方能生效。

（3）软键生效　输入的参数在操作面板上的激活参数软菜单键按下后生效。

（4）立即生效　输入的参数立即生效。

3）数控系统的初次通电

在数控系统初次通电之前必须详细阅读数控系统供货商提供的技术资料,严格检查各部件供电的正确性,以及信号接口连接的正确性,否则,可能导致硬件部件的损坏。在初次通电前,应该检查下列内容。

（1）检查三相交流(380 V)供电回路中各相之间有无短路,各部件的断路器连接是否正确,各断路器的电流设定是否正确。

（2）检查单相交流(220 V)供电回路相线和中线之间有无短路,单相回路的断路器电流设定是否正确。

（3）检查直流(24 V)供电回路有无短路,断路器的电流设定是否正确。

（4）检查各部件之间的信号连接,如机床控制面板与输入/输出模块的信号连接、机床信号与输入/输出模块之间的信号连接,工业现场总线的连接,特别是各伺服电动机信号电缆和动力电缆的连接。伺服电动机的信号电缆和动力电缆必须与其驱动器的接口一一对应,不能错位。

（5）检查数字输入/输出信号公共端的连接。

（6）检查各部件保护接地的连接,检查接地导线的规格是否符合要求。

（7）检查在机床的工作现场是否可以提供保护接地。

（8）检查驱动器直流母线的导流条是否牢固连接,母线的防护盖是否已经关闭。

只有在保证各路电源、各种信号线路和电缆的连接正确无误后,才能对数控系统加电。而且在首次通电时,各电源回路应该一路一路地分别接通,以确保安全。

首次通电后,应检查数控系统的各个模块以及部件的初始状态。不同品牌

的数控系统的初始状态可能也是不同的,应该以数控系统供货商提供的技术资料为准。以某型号数控系统为例,首次上电后,数控系统的人机界面会出现系统提示信息"PROFIBUS DP:缺省 SDB1000 已被加载",表示数控系统已将默认的总线配置激活。

4)PLC 应用程序的调试

在数控系统通电检查无误后,就可以进行 PLC 应用程序的调试了。PLC 应用程序的设计已在前面的章节中进行了详细的论述。PLC 应用程序的调试是指检查所设计的功能是否可以正确无误地运行。除了刀库相关的 PLC 应用程序以外,几乎所有功能均可以在数控系统基本参数调试之前进行调试。通过调试应使下列 PLC 相关的功能正确运行。

(1)基本操作功能,包括数控系统工作方式的选择、坐标轴的点动控制、手轮选择、主轴手动控制、加工程序的循环启动、循环停止和复位功能。

(2)驱动器的使能控制,包括驱动器电源模块的使能控制端和数控系统信号接口中相关的使能控制。

(3)机床控制功能,如急停和坐标轴的正、负方向硬限位功能等。

(4)机床辅助功能,如冷却控制、润滑控制功能等。

调试手动操作功能时,检查手动方向是否正确依据的是人机界面坐标位置显示中的"+"号和"-"号,如果在手动方式下按某坐标正方向键,在人机界面该坐标的位置显示前出现"+"号,则表示 PLC 应用程序正确。如果点动方向控制有错误,应修改相关的 PLC 应用程序,否则,在调试数控系统基本参数时可能造成不必要的麻烦。在数控系统基本参数调试之前,数控系统的默认设定是仿真方式。所谓仿真方式是数控系统不生成任何位置指令到伺服驱动器,也不从电动机编码器读取实际位置。这样,可以在驱动器通电之前调试 PLC 应用程序的功能。在 PLC 应用程序的基本功能调试完毕后,数控系统就可以在模拟方式下进行模拟操作,包括在手动方式下的点动操作、手轮操作、返回参考点等,或者在自动方式和 MDI 方式下运行零件程序。

PLC 应用程序功能的正确无误是调试驱动器和数控系统参数的基本保证。在 PLC 应用程序中,与驱动器相关的功能有急停、坐标轴的限位和驱动器使能。这些功能均与驱动器的调试安全有关。这也就是在调试数控系统基本参数之前,必须首先调试 PLC 应用程序的原因。

5)驱动器的参数配置

伺服驱动器在数控系统中所执行的任务是速度控制和电流控制。伺服驱动器从数控系统接收速度指令,按照速度指令对伺服电动机进行速度调节。对于一个新驱动器模块来说,内部参数均为默认设定,因此,需要对伺服驱动器进行参数配置。配置驱动器参数的目的是将驱动器所配置的功率模块的型号、配置的伺服电动机型号和测量系统的类型等信息传送给驱动器,这样,驱动器就可以正确地对伺服电动机进行控制。通过参数的配置，可以使驱动器加载与配置相关的默认数据。不同的数控系统，驱动器的配置方法也不同。有的可在数控系统的人机界面上直接设置，有的需要通过配套软件工具。更为先进的是有的驱动器能自动识别伺服电动机的型号。利用默认参数可以满足伺服电动机正常工作的基本条件，为随后的调试做好准备。利用默认的驱动器参数驱动机床的传动系统时，可能会出现定位误差监控、静止监控或者轮廓监控等报警。如果出现上述状况，说明驱动器的默认数据不适合所驱动的传动机构，需要对驱动器参数进行优化。

6）驱动器定位参数和坐标控制使能参数

数控系统的位置控制由数控系统、驱动系统和测量系统构成。传统的数控系统将位置信号转换为速度给定，并用模拟电压的形式传送到伺服系统。伺服控制器根据模拟给定来控制伺服电动机的运动。与伺服电动机连接的测量系统将位置信号反馈给数控系统，数控系统根据指令位置和实际位置的差来调节模拟给定。对于传统的数控系统，每个轴有独立的速度给定接口和独立的位置反馈接口；而数字式的数控系统采用现场总线连接驱动器，数控系统只有总线接口，速度给定信号和位置检测信号都是以数字方式通过总线进行传递的。在总线上可以连接各种设备，如输入/输出模块、驱动器等。为了保证总线通信的正确性，要对总线上的设备进行配置。通过配置使数控系统确定当前通过总线所连接的设备。

7）机械传动系统配比参数

机械传动系统配比参数是数控系统计算运动位置的依据。由于数控机床的运动是利用滚珠丝杠的螺旋原理将伺服电动机的旋转运动转变为直线运动的，因此，对于采用电动机测量系统的位置控制，数控系统检测的是伺服电动机的角位置，将角位置换算成直线位置需要依据机械传动系统配比参数，即丝杠每转对应的位移——丝杠螺距和电动机与丝杠之间的传动比。一旦确定数控机床每个轴的实际传动机构减速比和丝杠螺距，该轴的实际位移量也就随之确定了。

知识点 3　电气系统连接与调试的基本要求

1. 读懂原理图

三相异步电动机控制线路原理图是安装与检修数控机床电气系统的基本准则和依据。常见的电动机基本控制线路有点动控制、正反转控制、位置控制、顺序控制、降压启动控制、制动控制等，熟悉和掌握基本控制线路的工作原理非常重要。

2. 规划装接位置

电气元件在电气柜中的实际安装位置直接关系到控制线路安装时的布线合

理性与美观性。对于同一种控制线路有多种布局形式,不同的布局形式有不同的接线方式,完成后的接线美观程度也不同,选择合理的布局图更有利于接线,完成后的电气柜也更完美。

3. 初步装接电路

初步装接电路是初学者学习强电装接的重要环节。初步装接电路是在掌握了电路原理、不讲究装接工艺的前提下,应用软导线较快速完成控制电路后,进行控制电路模拟试车的一种训练方式。这个学习过程更加有利于初学者对整个电路走线的初步了解和认识,进一步熟悉电路的动作过程和实现功能。

4. 细致绘制接线图

细致绘制接线图是根据规划的位置图,形象地描绘出各元件的各部分(用符号表示实物),按照原理图进行合理布线,根据初步装接的走线思路,细致地复制电路的接线图。这样,可以对强电装接的布线工艺起到保障作用,也能为编制完美的布线工艺打下扎实基础。

5. 精确装接实用电路

精确装接实用电路是根据合理的元器件位置图和细致绘制的接线图,严格遵守安装规划,完成实用电路的装接过程。在安装电路过程中,一般主电路采用铜芯红色导线,控制电路采用铜芯黄色导线,按钮引出线采用比控制电路稍细的相同导线,而接地线一般采用黄绿双色铜芯导线。

常用导线有铜导线和铝导线。铜导线的电阻率比铝导线小,焊接性能和机械强度比铝导线好,因此,它常用于要求较高的场合。铝导线密度比铜导线小,而且资源丰富,价格较铜导线低廉。导线有单股和多股的两种:一般截面在 6 mm^2 及以下的为单股线;截面在 10 mm^2 及以上的为多股线。多股线是由几股或几十股线芯绞合在一起形成的一根导线,有 7 股的、19 股的、37 股的等多种。导线还分裸导线和绝缘导线,绝缘导线有电磁线、绝缘电线、电缆等多种。常用的绝缘导线在导线线芯外面包有绝缘材料,如橡胶、塑料、棉纱、玻璃丝等。

6. 灵活运用电工仪器

(1)试电笔 使用试电笔时,必须用手指触及笔尾的金属部分,并使氖管小窗背光且朝向自己,以便观测氖管的亮暗程度,防止因外界光线太强造成误判断。当用试电笔测试带电体时,电流经带电体、试电笔、人体及大地形成通电回路,当带电体与大地之间的电位差超过 60 V 时,试电笔中的氖管就会发光。低压试电笔检测的电压范围可达 500 V。

使用试电笔前,必须在有电源处对验电器进行测试,以证明该试电笔性能良好,方可使用。试电时,应使试电笔逐渐靠近被测物体,直至氖管发亮,不可直接接触被测体。试电时,手指必须触及笔尾的金属体,否则,带电体也会误判为非带电体。同时,要防止手指触及笔尖的金属部分,以免造成触电事故。

(2)电工刀 在使用电工刀时,不得带电作业,以免触电。应将刀口朝外剖削,并注意避免伤及手指。剖削导线绝缘层时,应使刀面与导线成较小的锐角,以免割伤导线。使用完毕后,随即将刀身折进刀柄。

(3)螺钉旋具　螺钉旋具较大时,除大拇指、食指和中指要夹住握柄外,手掌还要顶住柄的末端以防旋转时滑脱。螺钉旋具较小时,用大拇指和中指夹着握柄,同时用食指顶住柄的末端用力旋动。螺钉旋具较长时,用右手压紧手柄并转动,同时用左手握住中间部分(不可放在螺钉周围,以免将手划伤),以防止滑脱。

带电作业时,手不可触及螺钉旋具的金属杆,以免发生触电事故。不应使用金属杆直通握柄顶部的螺钉旋具。为防止金属杆触到人体或邻近带电体,金属杆应套上绝缘套。

(4)钢丝钳　钢丝钳在电工作业时用途广泛。钳口可用来弯绞或钳夹导线线头,齿口可用来紧固或起松螺母,刀口可用来剪切导线或钳削导线绝缘层,侧口可用来铡切导线线芯、钢丝等较硬线材。

使用钢丝钳前,要检查钢丝钳绝缘是否良好,以免带电作业时造成触电事故。在带电剪切导线时,不能用刀口同时剪切不同电位的两根线(如相线与零线、相线与相线等),以免发生短路事故。

(5)尖嘴钳　尖嘴钳因其头部尖细而得名,特别适用于在狭小的工作空间操作,可用来剪断细小的导线,夹持较小的螺钉、螺母、垫圈、导线等,也可用来对单股导线整形(如平直、弯曲等)。若使用尖嘴钳带电作业,应检查其绝缘是否良好,在作业时金属部分不要触及人体或邻近的带电体。

(6)斜口钳　斜口钳专用于剪断各种电线、电缆。对粗细不同、硬度不同的材料,应选用大小合适的斜口钳。

(7)剥线钳　剥线钳是专用于剖削细小导线绝缘层的工具。使用剥线钳剖削导线绝缘层时,先将要剖削的绝缘长度用标尺定好,然后将导线放入相应的刀口中(比导线直径稍大),再压握钳柄,导线的绝缘层即被剥离。

(8)电烙铁　在用电烙铁焊接前,一般要把焊头的氧化层除去,并用焊剂进行上锡处理,使得焊头的前端经常保持一层薄锡,以防止氧化,减少能耗,保持良好导热性。

对电烙铁的握法没有统一的要求,以不易疲劳、操作方便为原则,常用的有笔握法和拳握法。用电烙铁焊接导线时,必须使用焊料和焊剂。焊料一般为丝状焊锡或纯锡,常见的焊剂有松香、焊膏等。

对焊接的基本要求是:焊点必须牢固,焊锡必须充分渗透,焊点表面应光滑有光泽,应防止出现"虚焊"、"夹生焊"。产生"虚焊"的原因是焊件表面未清除干净或焊剂太少,使得焊锡不能充分流动,造成焊件表面的挂锡太少,焊件之间未能充分固定。造成"夹生焊"的原因是电烙铁温度低或焊接时电烙铁停留的时间太短,焊锡未能充分熔化。

使用电烙铁前应检查电源线是否良好,有无破损。焊接电子类元件(特别是集成块)时,应采用防漏电等安全措施。当焊头因氧化而不"吃锡"时,不可硬烧。当焊头上锡较多不便焊接时,不可甩锡,不可敲击。焊接较小元件时,时间不宜过长,以免因高温损坏元件或绝缘层。焊接完毕,应拔去电源插头,将电烙铁置于金属支架上,防止烫伤或火灾的发生。

(9) 常用电工仪表 用来测量各种电量和磁量的仪器仪表统称为电工仪表,是用来获得各种数据和参数,保证各类电气设备安全运行的必不可少的计量器具。电工仪表既可以用来测量电压、电流、电阻、功率因数等各种电参数,也可以间接测量温度、湿度等电参数。

对于安装完成的电动机控制线路,要用万用表的欧姆挡判断电路连接的正确性,这是通电试车前的关键步骤。用万用表欧姆挡在按下按钮时刻检测线路的接通状况,主要检测线圈的电阻值。

(10) 安全启动电气系统 在前面几个步骤完成之后,就可启动系统、通电试车。通电试车是强电装接的尾声,也是最具危险的一步,必须掌握合理正确的操作步骤和动作要领。

实训项目 数控车床电气系统的连接与调试

1. 操作仪器与设备

(1) 数控车床、数控铣床电气接线装置各一套。

(2) 数控机床电气控制接线板一套。

(3) 专用连接线一套。

(4) 万用表一只。

(5) 扳手、螺钉旋具等工具一套。

2. 实际操作

(1) 按图 7-19~图 7-26 完成数控车床电气系统的各部分连接与调试。

(2) 完成数控系统的调试:线路检查、系统调试、系统功能检查、故障诊断与排除。

3. 操作内容

(1) 总结数控系统连接、调试的一般步骤和方法。

(2) 画出指定数控系统的电气控制回路、电源回路连接的电气原理图。

(3) 当实验过程中出现故障时,应写出关于故障现象及所采取措施的处理报告。

(4) 若数控系统不能正常启动,试分析原因及应采取的措施。

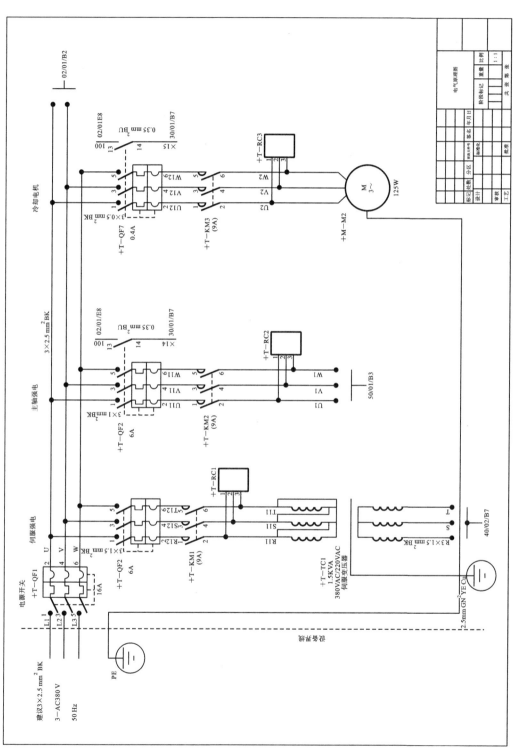

图 7-19 数控车床电气原理图之一

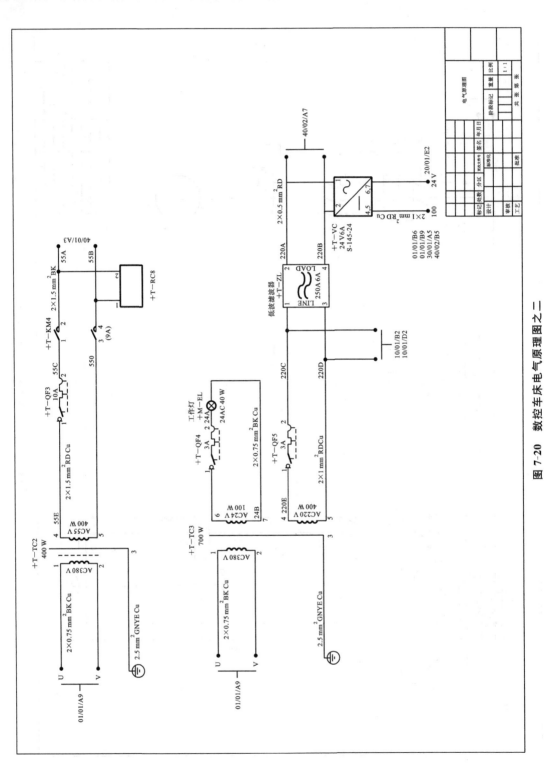

图 7-20 数控车床电气原理图之二

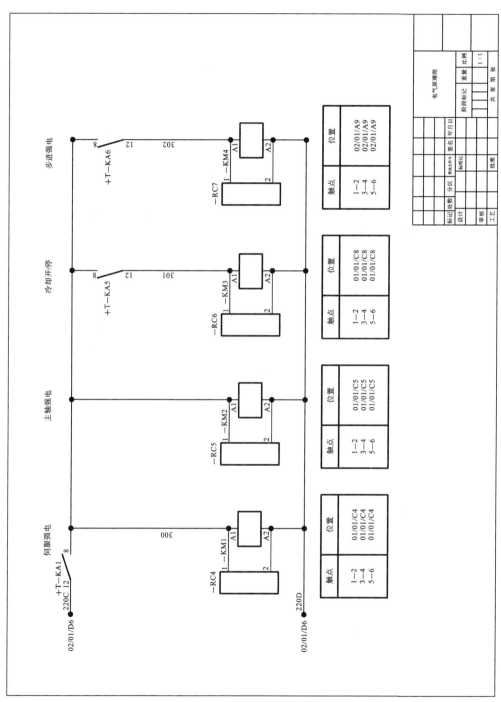

图7-21 数控车床电气原理图之三

165

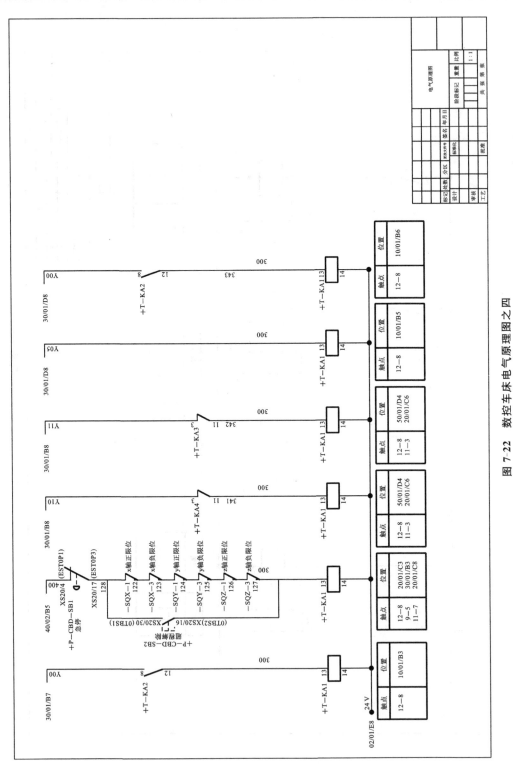

图 7-22 数控车床电气原理图之四

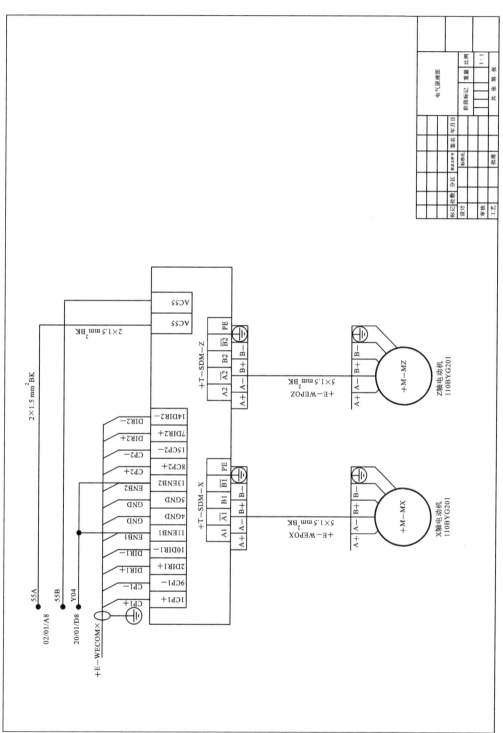

图 7-23 数控车床电气原理图之五

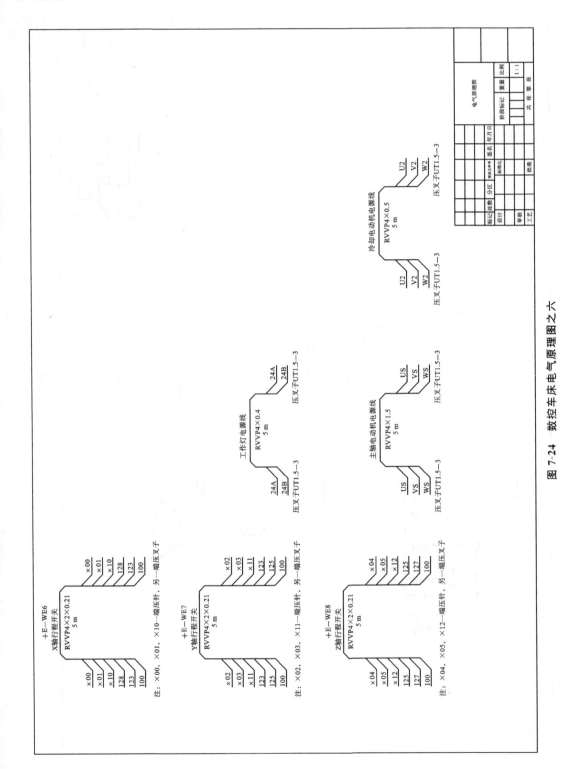

图 7-24 数控车床电气原理图之六

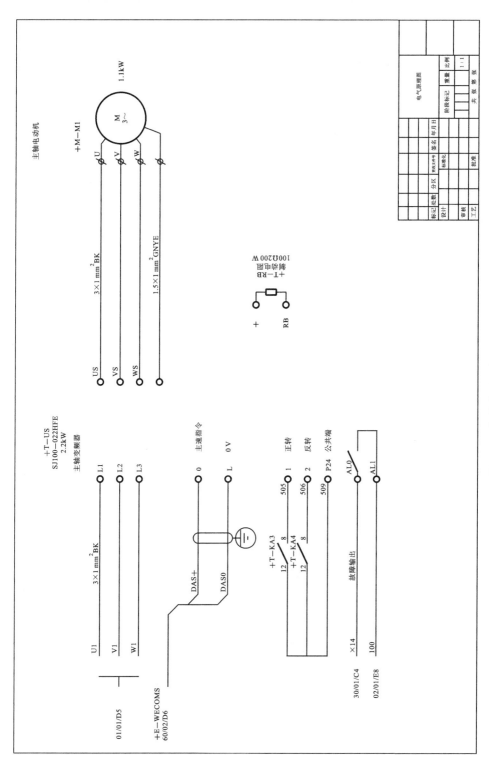

图 7-25 数控车床电气原理图之七

169

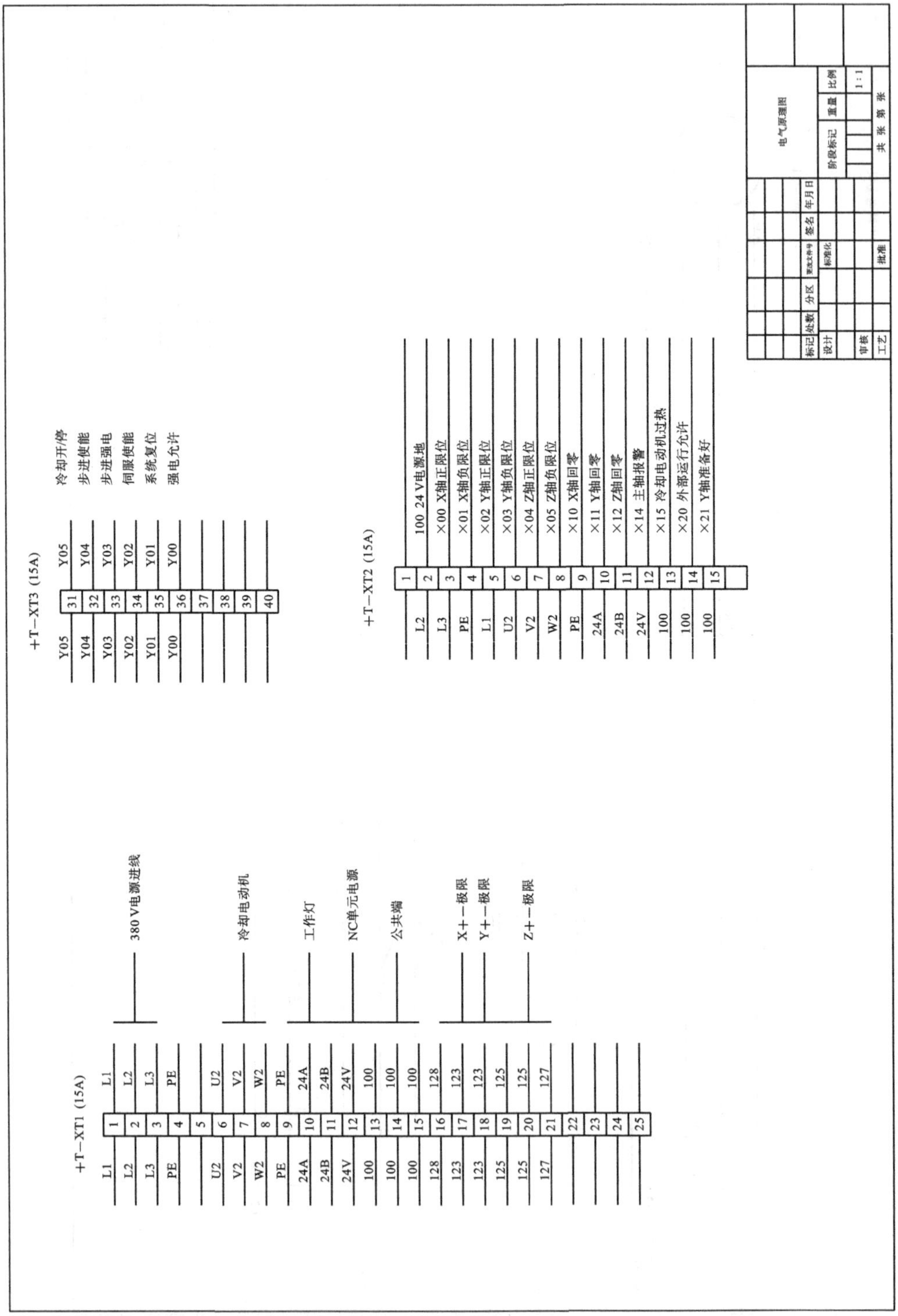

+T−XT3 (15A)

		冷却开/停
Y05	31	步进使能
Y04	32	步进强使能
Y03	33	伺服强使能
Y02	34	系统复位
Y01	35	强电允许
Y00	36	
	37	
	38	
	39	
	40	

Y05
Y04
Y03
Y02
Y01
Y00

+T−XT2 (15A)

		100 24 V电源地
L2	1	×00 X轴正限位
L3	2	×01 X轴负限位
PE	3	×02 Y轴正限位
L1	4	×03 Y轴负限位
V2	5	×04 Z轴正限位
W2	6	×05 Z轴负限位
PE	7	×10 X轴回零
24A	8	×11 Y轴回零
24B	9	×12 Z轴回零
24V	10	×14 主轴报警
100	11	×15 冷却电动机过热
100	12	×20 外部运行允许
100	13	×21 Y轴准备好
	14	
	15	

+T−XT1 (15A)

		380 V电源进线
L1	1	
L2	2	
L3	3	
PE	4	冷却电动机
U2	5	
V2	6	
W2	7	工作灯
PE	8	
24A	9	NC单元电源
24B	10	
24V	11	公共端
100	12	
100	13	
100	14	X+−极限
128	15	Y+−极限
123	16	Z+−极限
123	17	
125	18	
125	19	
127	20	
	21	
	22	
	23	
	24	
	25	

电气原理图

比例 1:1

图7-26 数控车床电气原理图之八

附　　录

1. 在铸锻件毛坯表面上进行划线时,可使用(　　)。

A. 油漆　　　　　　B. 白灰水　　　　　　C. 机油　　　　　　D. 红丹粉

2. 制造锯条的材料一般由 T8 或(　　)碳素工具钢制成。

A. Q235　　　　　B. 45　　　　　　　C. T12A　　　　　D. GCr15

3. 钻孔一般属于粗加工,其公差等级是(　　)。

A. IT5～IT4　　B. IT7～IT6　　　C. IT9～IT8　　D. IT11～IT10

4. 大型工件划线时,应选定划线面积较大的位置作为(　　)划线位置,这是因为在校正工件时,校大面比校小面准确度高。

A. 粗　　　　　　　B. 精　　　　　　　C. 初始　　　　　　D. 第一

5. 操作数控机床的环境温度应低于 30 ℃,相对湿度应不超过(　　)。

A. 80%　　　　　B. 65%　　　　　　C. 50%　　　　　　D. 90%

6. 钻削纯铜的群钻,为避免钻孔时"梗"入工件,刃磨各刃前角(　　)。

A. 要小　　　　　B. 要大　　　　　　C. 不变

7. 数控机床操作中,如要选用手轮方式,应按(　　)键。

A. HANDLE　　B. EDIT　　　　　C. JOG　　　　　　D. HELP

8. (　　)的主要性能是不易溶于水,但熔点低,耐热能力差。

A. 钠基润滑脂　　B. 钙基润滑脂　　C. 锂基润滑脂　　D. 石墨润滑脂

9. 螺纹量规中的通端工作塞规用于检验工件内螺纹的(　　)。

A. 单一中径　　B. 作用中径和大径　　　　　　C. 大径

10. 用校对样板来检查工作样板时常用(　　)。

A. 覆盖法　　　　B. 光隙法　　　　　C. 间接测量　　　D. 综合测量

11. 在键连接中,传递转矩大的是(　　)连接。

A. 平键　　　　　B. 花键　　　　　　C. 楔键

12. 滚动轴承的公差等级分别用 P0、P6、P6X、P5、P4、P2 表示,其中 P0 级精度(　　)。

A. 最高　　　　　B. 最低　　　　　　C. 适中

13. 渐开线圆柱齿轮副接触斑点出现不规则时,时好时差,这是由于(　　)引起的。

A. 中心距偏大　　　B. 齿圈径向跳动量较大　　　C. 两面齿向误差不一致

14. 蜗杆传动机构中,蜗杆的轴心线与蜗轮的轴心线在空间(　　)。

A. 平行　　　　B. 相交成45°　　C. 交错成90°

15. 测量直线运动的检测工具有测微仪、成组量块、标准长度刻线尺、光学读数显微镜及双频激光干涉仪、步距规等。标准长度测量以(　　)的测量值为准。

A. 光学读数显微镜　　　　　　B. 激光干涉仪

C. 步距规　　　　　　　　　　D. 标准长度刻线尺

16. 数控机床地线的连接十分重要,良好的接地不仅对设备和人身的安全十分重要,同时还能减少电气干扰,保证机床的正常运行。地线连接一般都采用(　　)。

A. 多点式接地法　　　　　　　B. 接地即可

C. 三角形接地法　　　　　　　D. 辐射式接地法

17. 轴向分度盘上用的分度销是(　　)的。

A. 圆柱形　　　B. 圆锥形　　　C. 斜楔形

18. 夹具装配完毕后,应再进行一次复检,复检就是(　　)。

A. 对工件进行检验　　　　　　B. 对夹具再进行一次检测

C. 对工件和夹具同时进行一次检验

19. 直线度、平面度、圆度、(　　)、线轮廓度、面轮廓度都属于形状公差。

A. 垂直度　　　B. 平行度　　　C. 圆柱度

20. 当液压缸的截面积一定时,液压缸(或活塞)的运动速度取决于进入液压缸的液体的(　　)。

A. 流速　　　B. 压力　　　C. 流量　　　D. 功率

21. 数控机床操作中,如要选用手轮方式,应按(　　)键。

A. HANDLE　　B. EDIT　　C. JOG　　　D. HELP

22. 在切削塑性较大的金属材料时会形成(　　)切屑。

A. 带状　　　B. 挤裂　　　C. 粒状　　　D. 崩碎

23. 我国的供电制式是交流三相,380 V;交流单相,(　　)。

A. 220 V、频率60 Hz　　　　　B. 200 V、频率50 Hz

C. 220 V、频率50 Hz　　　　　D. 200 V、频率60 Hz

24. 一个长方形工件以两面一销定位能限制(　　)个自由度。

A. 四　　　B. 五　　　C. 六

25. 真空夹紧装置是利用(　　)来夹紧工件的。

A. 弹簧　　　B. 液性塑料　　　C. 大气压力

26. 提高中碳钢零件的硬度和耐磨性的方法是(　　)。

A. 低温回火　　　B. 淬火　　　C. 淬火后低温回火

27. 最常用的弹簧钢是65Mn和(　　)。

A. T10   B. 45   C. 60Si2Mn

28. 通常在已固化的地基上用地脚螺栓和垫铁精调机床主床身及导轨的水平,使用工具为( )。

A. 平行光管   B. 平尺   C. 水平仪   D. 测高仪和直角尺

29. 根据工件的加工要求,可允许进行( )。

A. 欠定位   B. 过定位   C. 不完全定位

30. 提高低碳钢零件硬度和耐磨性的方法是( )。

A. 退火   B. 渗碳   C. 渗碳、淬火低温回火

31. 弹簧钢的热处理方法是( )。

A. 淬火、低温回火   B. 淬火、中温回火   C. 淬火、高温回火

32. 通电试车时应进行( )供电试验。

A. 局部   B. 全面   C. 先局部后全面   D. 先全面后局部

33. 50F7/h6采用的( )。

A. 一定是基孔制   B. 一定是基轴制

C. 可能是基孔制,也可能是基轴制   D. 混合制

34. V形带的型号代号( )。

A. 由大径的圆周长表示   B. 由小径的圆周长表示

C. 由中径的圆周长表示

35. 加工中心除了按主轴方向可分为立式和卧式之外,还有用于精密加工的( )加工中心。

A. 单柱型   B. 组合型   C. 龙门型   D. 模块型

36. 卧式加工中心传动装置由( )直接驱动,传递速度快,可达15 m/min。

A. 交流电动机   B. 变速箱   C. 皮带轮   D. 伺服电动机

37. 数控机床精度检验主要包括机床的几何精度检验和坐标精度及( )精度检验。

A. 综合   B. 运动   C. 切削   D. 工作

38. 用电动轮廓仪测量表面粗糙度时,金刚石测针以( )左右的速度水平移动。

A. 10 m/s   B. 10 m/min   C. 10 mm/s   D. 10 mm/min

39. ( )工序高度集中。

A. 数控磨床   B. 加工中心   C. 数控铣床   D. 数控车床

40. 对于中小型或精度要求高的夹具,一般采用( )来测量平面与平面的平行度误差。

A. 百分表   B. 千分表   C. 框式水平仪   D. 光学准直仪

41. 沉头铆钉的伸长部分的长度,应为铆钉直径的( )倍。

A. 0.8~1.2   B. 0.6~0.8   C. 0.4~0.6   D. 0.2~0.4

42. 在 PLC 的基本指令中,LD 和 LDI 分别表示常开点和常闭点,(　　)分别表示常开点串联和常闭点串联。

A. OR 和 ORI　　B. AND 和 ANI　　C. OUT 和 TIM　　D. MC 和 MCI

43. 主轴系统性能检验时,用手动方式选择高、中、低 3 个主轴转速,连续进行(　　)次正转和反转的启动和停止动作,试验主轴动作的灵活性和可靠性。

A. 5　　　　　B. 2　　　　　C. 7　　　　　D. 10

44. 主轴系统性能检验时,主轴在长时间高速运转后(一般为 2 h)允许温升(　　)。

A. 2°　　　　B. 5°　　　　C. 10°　　　　D. 15°

45. 加工孔距精度要求高的钻模板,常采用(　　)。

A. 精密划线加工法　　　　　　B. 量套找正加工法

C. 精密划线加工法和量套找正加工法

46. 组合夹具各类元件之间的相互位置(　　)调整。

A. 可以　　　　B. 不可以　　　　C. 部分可以

47. 液压泵将机械能转变为液压油的(　　),而液压缸又将该能量转变为工作机构运动的机械能。

A. 电能　　　　B. 动压能　　　　C. 机械能　　　　D. 压力能

48. 机床的几何精度在机床处于冷态和热态时是不同的,检测时应按国家标准的规定即在机床(　　)下进行。

A. 冷却的状态　　　　　　　　B. 稍有预热的状态

C. 原来温度状态　　　　　　　D. 较长时间预热的状态

49. 为了提高螺旋传动机构中丝杠的传动精度和定位精度,必须认真调整丝杠副的(　　)。

A. 配合精度　　B. 公差范围　　C. 表面粗糙度

50. 扭簧比较仪和杠杆齿轮比较仪都属于(　　)。

A. 标准量具　　B. 微动螺旋量具　　C. 机械指示式量具

51. 研磨螺纹环规的研具常用(　　)制成,其螺纹应经过磨削加工。

A. 低碳钢　　　B. 球墨铸铁　　C. 铝

52. 若轴承内、外圈装配的松紧程度相同时,安装时作用力应加在轴承的(　　)上。

A. 内、外圈　　　B. 外圈　　　C. 内圈　　　D. 保持架

53. 机床精度指数可衡量机床精度,机床精度指数(　　),机床精度高。

A. 大　　　　　B. 小　　　　　C. 无变化　　　　D. 为零

54. 钢直尺的测量精度一般能达到(　　)。

A. 0.2～0.5 mm　　B. 0.5～0.8 mm　　C. 0.1～0.2 mm

55. 高速数控机床主轴的轴承一般采用(　　)。

A. 滚动轴承　　　　　　　　　　B. 液体静压轴承

C. 气体静压轴承　　　　　　　　D. 磁力轴承

56. 复杂曲面加工过程中往往通过改变（　　）来避免刀具、工件、夹具、机床间的干涉和优化数控程序。

　　A. 距离　　　　　B. 角度　　　　C. 矢量　　　　D. 方向

57. 数控机床位置检测装置中（　　）属于旋转型检测装置。

　　A. 感应同步器　　B. 脉冲编码器　　C. 光栅　　　　D. 磁栅

58. 步进电动机所用的电源是（　　）。

　　A. 直流电源　　　B. 交流电源　　C. 脉冲电源　　D. 数字信号

59. 限位开关在电路中起的作用是（　　）。

　　A. 短路保护　　　B. 过载保护　　C. 欠压保护　　D. 行程控制

60. 高精度量仪按结构特点,主要分为光学机械类量仪、电学类量仪、激光类量仪、（　　）类量仪以及新型精密量仪。

　　A. 机械　　　　　B. 光学　　　　C. 电子　　　　D. 光学电子

61. 卧式加工中心机床的（　　）简单,传动精度高、速度快。

　　A. 数控系统　　　B. 反馈装置　　C. 传动系统结构　　D. 伺服机构

62. 加工中心开机后出现了报警信息"AIR ALARM CANNOT CYCLE START",该报警信息的含义是（　　）。

　　A. 循环启动不能操作　　　　　B. 报警故障不能启动

　　C. 气压报警不能循环启动　　　D. 以上三者都不是

63. 按照标准规定:数控机床任意 300 mm 测量长度上的定位精度,普通级是（　　）mm。

　　A. 1.9　　　　　B. 0.02　　　　C. 0.2　　　　D. 0.3

64. 目前国内外应用较多的塑料导轨材料是以（　　）为基,添加不同填充料所构成的高分子复合材料。

　　A. 聚四氟乙烯　　B. 聚氯乙烯　　C. 聚氯丙烯　　D. 聚乙烯

65. 目前高速主轴主要采用以下 3 种特殊轴承:（　　）。

　　A. 陶瓷轴承、磁力轴承、空气轴承

　　B. 滚针轴承、陶瓷轴承、真空轴承

　　C. 静液轴承、空气轴承、陶瓷轴承

　　D. 真空轴承、滚珠轴承、磁力轴承

66. 目前高速切削进给速度已高达（　　）m/min。

　　A. 30～80　　　B. 40～100　　C. 50～120　　D. 60～140

67. 在高速加工机床上采用新型直线滚动导轨,直线滚动导轨中球轴承与钢导轨之间的接触面积很小,其摩擦因数仅为槽式导轨的（　　）左右,而且,使用直线滚动导轨后,"爬行"现象可大大减少。

A. 1/13   B. 1/18   C. 1/24   D. 1/20

68. 按运动轨迹分类可将数控机床分为(   )。

A. 开环式机床、闭环式机床、半闭环式机床

B. 点位控制式机床、直线控制式机床、轮廓控制式机床

C. 数控铣床、数控车床、数控磨床、加工中心

D. 数控铣床、数控车床、加工中心、数控线切割机床

69. 数控机床地基设计采用的标准是(   )。

A.《数控机床地基设计规范》(GB 50040—1996)

B.《数控机床基础设计规范》(GB 50040—1996)

C.《动力机器基础设计规范》(GB 50040—1996)

D.《机床基础设计规范》(GB 50040—1996)

70. 机床试运行拷机程序时,发生故障停机,则应(   )。

A. 排除故障后,从停机的时间算起,运行完成所规定的拷机时间

B. 重新开机后,重新计时,运行完成所规定的拷机时间

C. 重新开机后,从停机的时间算起,运行完成所规定的拷机时间

71. 归档的开箱检验资料包括(   )。

A. 装箱单、出厂合格证

B. 出厂精度检验报告

C. 随机操作手册、维修手册、说明书、图纸资料、计算机资料及管理系统(软件)等技术文件

D. 设备开箱验收单

72. 西门子系统的数据备份的方法分为系列备份与分区备份,它们的区别在于(   )。

A. 系列备份可用于装载相同版本的软件系统,而分区备份用于装载不同版本的软件系统

B. 系列备份包括的数据全面,文件个数少

C. 系列备份数据不允许修改,文件采用二进制格式

D. 系列备份可以修改,大多数文件采用文本格式

73. 开机调试的过程中机床总电源接通后检查内容包括(   )。

A. 检查数控系统的配电箱的冷却风扇及主轴的冷却风扇的转向是否正确,各液压系统的油压标志及照明灯是否正常

B. 测量各强电部分电压

C. 地线检查、电源相序检查

D. 液压系统有无泄漏现象

74. 用刻度值为 0.001 mm/20 mm 的光学平直仪,测量 2 000 mm 长的机床导轨在垂直面内的直线度,若测量量座长度为 200 mm,分 10 段测得的数据依次

为：—1、—1、—2、—1、0、+1、+2、+1、+2、+1格,试用作图法求导轨全长内的直线度误差。

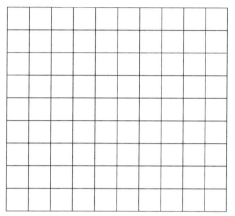

75. 如图 A-1 所示机床变速箱,输入轴Ⅰ的转速为 1 440 r/min。问变速箱共有几级转速? 输出轴的最高和最低转速是多少?

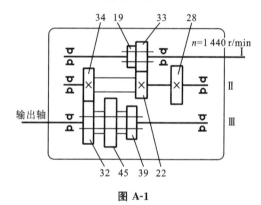

图 A-1

76. 装配双头螺栓时,应注意哪些问题?

77. 开机后,对各轴执行回参考点动作时,x、y 轴均正常,z 轴不能够执行并且导致伺服报警,同时 z 轴电动机温度很高。试分析可能导致这一现象的原因。

78. 翻译表 A-1 英文名称并解释参数含义。

表 A-1　Tool magazine specifications

Items	standard type	large distance type
Max. Tool Diameter(Full Tool)	ϕ78 mm	ϕ78 mm
Max. Tool Diameter (No. Adjacent Tool)		ϕ120 mm
Max. Tool Length	300 mm	300 mm

续表

Items	standard type	large distance type
Max. Tool Weight	8 kg	8 kg
No. of Tools	16,20,24 pcs	20,24 pcs
Tool to Tool Changing Time	1.5 sec/60 Hz(STD)	1.5 sec/60 Hz(Vertical)
Tool Case Distance	80.66 mm	101.8 mm
Tool Case Degree	65°,70°,75°	65°,75°,90°
Tool Specifications	BT40,CAT40,DIN40	
Power	220 V/380 V,50 Hz/60 Hz	

79. 汉译英。

专业工程师可以担任以下工作。

设计工程师:作为小组成员,创造新产品,通过更新和为旧产品找到新的用途而延长旧产品的寿命。他们的目标是在设计中提高质量和可靠度,引入新零件、新材料以使产品更廉价、更轻便或更坚固。

安装工程师:按消费者的意图安装公司生产的设备。

生产工程师:保证生产程序的效率,即原料得到安全正确的处理,在生产中的错误得到纠正。设计和开发部门向他们咨询以确保任何提出的新措施切合实际而且符合成本要求。

80. 汉译英。

在专业工程师之下是技术工程师。技术工程师需要掌握某一特殊技术方面详尽的知识——电气的、机械的、电子的,等等;他们可以领导一组工程技术人员。技术工程师和工程技术员可以担任以下工作。

测试/实验技术员:测试产品材料的样品以保证维持质量。

安装和服务技术员:保证公司卖出的设备的正确安装并进行预防性的保养和必要的维修。

生产计划和控制技术员:作出生产指标,组织生产工作以便生产可以尽可能地迅速、低成本、有效地完成。

检测技术员:检测并确保进来和送出的产品符合规格。

故障排除技术员:寻找错误,修理和测试设备及产品使其部件符合标准。

制图员和设计者:提出产品生产的草图和设计文件。

81. 汉译英。

在技术工程师之下的是工艺人员。工艺人员的工作非常具有技能性和实际操作性。工艺人员可以担任以下工作。

工具制作工:制造模具,用它们可以制作金属部件和生产塑料零件,如加工中心床身和立柱等。

安装工:将零件组装成大件产品。

维修安装工:修理机器。

焊接工:做专门的连接、制作和修理工作。

电工:布线,安装电器。

操作工需要较少的技能。许多操作工的主要工作是看管机器,因为现在越来越多的生产程序是自动化的。然而,一些操作工需要检测机器所生产的产品以确保它们的精确度。操作工需要学会使用诸如测微器、游标卡尺或简单的"过或不过"的量规等仪器。

附录 B 数控技术专业(数控机床装调维修方向)教学计划

第一部分 序言

数控技术专业教学计划是针对数控技术专业机床操作工、装调维修工(国家执业资格标准)而制订的,适用于学制 3 年的高等职业技术教育。

框架教学计划中,各学习领域规定的学习目标和内容必须在教学过程中实现和完成,并进行考核。

框架教学计划规范了职业教育目标和内容,其目的在于使学生获得的毕业证书得到国家和社会的认可,以便为学生就业和参加进一步的教育或培训奠定基础。

第二部分 教育任务

根据职业要求安排学生的学习内容,同时不断扩展学生已接受过的普通教育内容,目的是在给定的教学时间内使学生有能力完成职业任务,并能够以对社会负责的态度参与社会活动。

通过符合职业教育特色的教学过程,包括课程开发和教学实施,培养和发展学生的行动能力,进而实现教育目标。

在国家法律规定的框架内,完成以下教育目标。

(1)培养学生将专业能力与社会通用能力有机结合起来的职业能力。

(2)要满足区域技术和社会的发展要求。

(3)培养学生通过学习或培训提高自身职业能力的积极性。

(4)培养学生在个人生活和社会活动中的责任心和执行能力。

为实现上述教育目标,课程教学必须做到以下几点。

(1)符合职业工作任务并强调以行动导向为目标。

(2)在考虑必须的职业特殊性的基础上,培养学生的职业和跨职业的综合能力。

（3）采取灵活多样的教育方式以适应学生个性、职业工作和社会的不同需要。

（4）尽可能支持和资助弱势群体（如残疾人和贫困生）接受教育。

（5）教授学生识别安全和环境污染隐患以及防止发生安全事故和环境污染的方法。

课程以培养和发展学生的行动能力为总目标，行动能力应包括专业能力、社会能力和方法能力。专业能力是在专业知识和技能的基础上，有目的的，符合专业要求的，按照一定方法独立完成任务、解决问题和评价结果的能力，如计算能力、编程能力等实际的技能。它是和职业直接相关的能力，具有职业特殊性，是通过专业教育获得的。社会能力是处理社会关系、理解奉献与索取、与他人和谐相处和相互理解的能力。它包括人际交流、公共关系处理、劳动组织能力、群体意识和社会责任心等。方法能力是个人对在家庭、职业和公共生活中的发展机遇、要求和限制作出解释、思考和评判并开发自己的智力、设计发展道路的能力，特别是独立学习、获取新知识的能力。

第三部分　教学组织原则

职业教育的目标强调行动导向，并使学生在未来的职业活动中，针对工作任务具有独立地计划、独立地实施和独立地评价的能力。

学生在职业学校的学习应基本上在职业行动及多样性的思维操作中完成，并实现他人行动的"思维再现"。行动导向的教学设计应重点体现：

（1）为了行动而学习；

（2）通过行动来学习；

（3）行动必须由学生自己咨询、计划、决策、实施、检查以及评价；

（4）行动应能促进对职业的整体把握（如考虑技术、经济、安全和环境等因素）；

（5）行动必须集成学生的经验并对社会效果进行反思；

（6）行动应融入诸如兴趣取向和化解冲突等的社会化过程。

行动导向的教学是一个教学组织方案，它使学科体系与行动体系相结合，并通过不同的教学方法来实现。

课程应针对学生教育经历、文化背景和实际经验的不同，采取相应的个性化措施。

第四部分　与专业相关的说明

数控技术专业面向数控机床装调维修工职业岗位，要求通过数控机床装调维修过程，使学生具备数控机床装调维修的能力。数控技术相关工作包括数控机床装调维修过程的准备、实施、观察和安全生产，以及在质量保证体系的框架内检查并评价数控机床的装调维修质量。

数控技术专业课程教学应能使学生实现以下目标。

（1）根据技术的可实施性对装调维修任务进行评价和分析。

（2）根据工期和核算要求对工作过程进行计划、控制和检查。

（3）具备使用和维护装调维修工具和设备的能力。

（4）为确保装调维修质量，遵守规章制度，严格执行装调维修标准。

（5）根据质量要求进行数控机床装调维修工作并监控工作过程。

（6）编制、改编和优化装调维修工艺。

（7）应用测试和测量方法，整理和评价工作结果并提出改进措施。

（8）识别影响安全和环保的隐患，并及时采取措施。

（9）为获取信息、完成任务、整理和演示工作结果而使用信息和通信系统。

（10）阅读数控机床专业维修资料（包括常用的英语资料）。

（11）以团队形式工作并使自己的工作与前后工序相协调。

第五部分 行动领域

经过深入的职业分析，课题组共开发数控技术专业数控机床装调维修职业领域的具体工作任务 99 项，将这些具体工作任务进行归类、整理，形成了该职业领域的行动领域（共 12 项），如表 B-1 所示。

表 B-1 数控装调维修工行动领域

序号	典型工作任务	具体任务描述
1	劳动合同的签订	①选择就业的数控加工与制造企业，协商工作岗位、工资待遇、劳动保护等条件； ②与用人单位签订符合法律要求的劳动合同； ③根据有关法律和劳动合同维护自身权益； ④劳动争议的仲裁和处理； ⑤劳动合同的解除
2	工作中的安全和环境保护	①确定工作岗位上对安全和健康的危害因素及其避免措施； ②了解作业中的劳动保护用品及保护措施； ③严格遵守安全操作规定； ④了解常见安全事故及其急救措施； ⑤清楚数控装调维修工作可能产生的环境污染； ⑥建立数控装调维修作业环境保护； ⑦装调维修作业中使用经济、环保的能源和材料； ⑧正确处理装调维修作业废料

序号	典型工作任务	具体任务描述
3	数控机床的操作	①阅读、应用和编写数控机床操作手册; ②指导客户操作数控机床,并予以解释说明; ③数控机床及装调维修检测设备、仪器操作部件的正确使用; ④数控系统菜单功能的识别和应用; ⑤机械、电气、数控和安全系统的操作; ⑥附件、附属设备和特殊设备的使用; ⑦急停功能的应用; ⑧数控机床潜在危险的识别,安全操作规定的应用
4	数控机床各部分的零件或组件的测量与检查	①选择测量方法和测量装置,估计测量误差; ②正确使用常用机械部件、电气部件、数控系统的测量检查仪器; ③正确进行几何精度测量工具的选择和使用; ④目视检查电气连接、线路和线路接口的机械性能; ⑤对电气部件和系统进行测量、检查和评价,记录检查结果; ⑥检查电气零件、线路和保险的功能; ⑦主轴电动机与变频器检查及性能验证; ⑧进给轴伺服电动机与驱动器检查及性能验证; ⑨数控功能测试
5	工作计划的制订和工作结果的检查评价	①根据国家(或行业)及生产厂家的有关规定,结合工作任务、维护规定、安装说明、个人技术等实际情况,制订数控机床装调维修作业计划,确定工作步骤和工作过程; ②确定装调维修作业所需要的配件、工具、检测设备、仪器和辅助材料; ③确定装调维修所需要的物品的到位时间; ④任务相关的配件、工具、检测设备、仪器和辅助材料的准备、领用; ⑤根据装调维修工作任务准备工作场所; ⑥清理零件和组件到位情况,检查、记录零件和组件的损坏情况,并予以更换; ⑦通过对比分析,检查、评价工作绩效,并且提出对工作改进的措施和建议; ⑧团队工作的计划、任务的分配和合作结果的评价; ⑨遵守生产厂家的安全提示和装调维修工作的特别规定; ⑩数控装调维修完成后,转交给客户前的准备工作

续表

序号	典型工作任务	具体任务描述
6	数控机床各部件装调维护	①进给轴传动部分含伺服电动机、电动机座、联轴器、轴承、滚珠丝杠副、丝杠螺母座(溜板箱)、轴承座装调与检测; ②主轴组件与主轴箱的装调与检测; ③刀库组件与机床本体的装调与检测; ④电气柜强电线路及控制线路电气元件的连接; ⑤主轴变频器的安装及参数设置; ⑥进给轴伺服驱动器的安装及参数设置; ⑦数控系统的连接与调试; ⑧数控系统的参数设置与调整; ⑨可编程控制器编程与调试; ⑩整机的空运行及试切
7	与内部和外部客户的信息交流	①了解客户需求信息,并将信息反馈至管理和决策部门,尽力满足客户服务要求; ②遵守关于装调维护工作需预先通知的规定; ③遵守关于附件和附属设备操作需预先通知的规定,按照安全原则和规定给出建议; ④通信和信息系统的使用; ⑤技术信息的解释、编辑、传递、演示和记录; ⑥遵守法律和规定,尤其有关知识版权方面的内容; ⑦遵循质量保证、优惠活动、易损件和材料缺陷责任指导方针; ⑧联网图的辨别和应用; ⑨服务信息的提取和应用,包括通过网络等手段检索原厂技术资料和数据库的信息
8	零件、组件和系统的装调、拆卸和维护	①能识读数控机床机械各部件机械装配图、电气原理图; ②拆卸分解零件、组件和系统,检查分类并系统归档; ③零件和组件的整理、清洁、保存和入库; ④零件、组件和系统的连接,了解安装顺序和注意事项、安装技术要求(如主轴组件的轴向窜动、径向跳动,主轴的动平衡测量); ⑤零件和组件的状态的检查,是否存在异型; ⑥根据装配工艺进行零件、组件和系统的安装、调试; ⑦基本控制逻辑如伺服使能控制、急停控制、限位控制、冷却控制、润滑控制等的调试; ⑧电气、电子、机械、机电、气动和液压的系统、组件和零件的装调与维修; ⑨数控系统的基本维护; ⑩基本的装配钳工作业能力、电工作业能力; ⑪记录工作过程和工作步骤

序号	典型工作任务	具体任务描述
9	结果的评价和故障诊断及其原因	①数控机床整体性能评价(动力性、经济性、安全性、操作性、开放性等)的测试; ②标准诊断程序的应用,即通过经验检查、性能检测、读取故障码以及对电气、电子、液压、机械等参数的测量和检查,确定故障和功能失常的范围; ③借助装配图、电路图、接线图和功能图确定故障和功能失常的范围及其原因; ④常见机械故障的诊断; ⑤常见电气故障的诊断; ⑥编程故障的诊断; ⑦数控系统基本故障的诊断; ⑧分析故障的机理,减少和避免故障的发生; ⑨自诊断系统的应用,尤其是引导式故障寻找、数据库和远程诊断、电话热线的使用; ⑩撰写检查报告、维修结果评价记录
10	设备配备、更新和改造	①根据法律规定和技术文档针对机床类型进行附件、附属设备和易损设备的分类; ②附件、附属设备和易损设备的准备、安装、改造、连接、功能检查,与现有系统匹配,记录改变内容; ③给客户进行操作演示和指导,并告知使用注意事项; ④数控系统的数据保护与数据备份; ⑤数控装置的升级和参数设置、重设和基本设定的执行、学习值的调整
11	根据有关标准进行数控机床验收	①掌握数控机床验收标准和验收规范(国家标准和企业特别要求); ②进行验收场地准备、设备准备、资料准备; ③数控机床买方装调维修维护及操作安全的检查、记录,讲解减少故障的必要措施; ④评价机床装调质量,给出装调是否合格的结论,填写验收合格单(合格证明书); ⑤准备机床交付
12	数控机床维修质量管理和质量分析	①选择符合国家标准要求的数控机床及其装调维修设备; ②严格按照设备操作规范使用相关设备; ③定期检查和维护相关设备和仪器; ④遵守工作质量安全管理规定; ⑤系统地寻找产生质量缺陷的原因,促进误差排除并记录检查工作; ⑥应用企业质量管理系统; ⑦遵守产品召回承诺和质量保修规定; ⑧不断改进和提高个人业务工作能力和水平; ⑨检查、评价和记录工作完成的质量

第六部分　学习领域

通过对数控机床装调维修工职业岗位分析可知,数控机床装调维修技术人员应具备数控机床安装前的技术准备,调试前的机械部分、电气部分、数控装置部分的检查,CNC 系统的功能检查和调试,数控机床的整机调试,数控机床的精度检测等专业基本能力,同时应能根据装调维修服务工作需要自主进行装调维修计划制订、装调维修工作组织实施和装调维修质量检查评估工作,在装调维修工作中必须重视客户需要、环境保护、安全文明生产等要求。

为方便教学组织与实施,可充分考虑教学的实施性,以行动为导向,按照实际工作过程组织教学,同时考虑到区域经济发展和学生职业能力的拓展设计了以下学习领域。整个学习领域包括三个板块:公共基础板块、专业板块、拓展板块。各学习领域的教学安排见表 B-2 至表 B-5。

表 B-2　数控技术专业学习领域课程方案设计

课程板块	学习领域课程	基 准 学 时				
		第一学年		第二学年		第三学年
专业板块	工程制图与零件测绘	64	64			
	机械基础技术及运用		64	64		
	电工电子技术及运用	56	56			
	数控机床编程与加工		56	64		
	机械 CAD/CAM			56	56	
	液压气动规划与实施		64			
	数控机床机械装调			56		
	数控机床电气装调		56	64		
	生产管理与成本分析			48		
	数控机床装调			56	56	
	生产实习	168	224	168	56	448
拓展板块	系和院选修课					

表 B-3　生产实训安排

序号	实习实训名称	考核方式	学时	学年及学期分配(周数)						内容	场所
				第一学年		第二学年		第三学年			
				1	2	1	2	1	2		
1	机加工实训	考查	56		2						校内
2	制图测绘	考查	112		4						校内

续表

序号	实习实训名称	考核方式	学时	学年及学期分配(周数)						内容	场所
				第一学年		第二学年		第三学年			
				1	2	1	2	1	2		
3	金工实习	考查	112			4					校内
4	电工实习	考查	112			4					企业
5	数控加工操作实训	考查	56				2				企业
6	数控加工工艺实训	校企共考	112				4				企业
7	数控机床装调实训	校企共考	56					2			企业
8	顶岗实习	校企共考	448						16		企业
	合计		1064		6	8	6	2	16		

表 B-4 系选修课

序号	课程名称	总学时	考核方式	周学时
1	大型精密5轴加工中心操作实训	32	考查	2
2	精密雕刻机操作实训	32	考查	2
3	车削中心操作实训	32	考查	2
4	数控磨床操作实训	32	考查	2
5	精密数控机床维修实训	32	考查	2
6	慢走丝电火花线切割机操作实训	32	考查	2
7	快速成形实训	48	考查	3
8	水射流切割实训	48	考查	3

表 B-5 专业板块各学习领域的描述

学习领域1　工程制图与零件测绘　　　　　　　　　第一、二学期　参考学时:128

学习目标

- 能够读识机械零件部件图
- 能够读识机械部件装配图
- 能够绘制专业简单零件图
- 能够区别机械零件配合关系
- 能够描述机械零件尺寸和形状误差
- 能够描述机械零件配合误差

学习领域1 工程制图与零件测绘	第一、二学期 参考学时:128

学习内容

- 机械制图基本方法
- 常用制图国家标准
- 读识机械零件图
- 绘制简单零件图
- 读识机械零件装配图
- 机械零件配合
- 机械零件尺寸和形状误差
- 机械零件装配误差

学习领域2 机械基础技术及运用	第二、三学期 参考学时:128

学习目标

- 熟悉常用金属材料的性能
- 熟悉钢的热处理
- 了解常用金属与非金属材料
- 熟悉常用热加工与金属压力加工方法
- 机械零件材料的选择
- 熟悉极限与配合基础
- 熟悉测量技术基础
- 熟悉形状和位置公差
- 熟悉常用的金属切削加工方法
- 熟悉通用的机械加工装备
- 了解机械制造过程
- 熟悉机械制造工艺规程制订
- 熟悉机械加工质量及其控制
- 熟悉装配工艺

学习内容

- 金属的力学性能,包括强度、刚度、塑性、硬度、冲击韧度和疲劳强度;金属的晶体结构与结晶,包括金属的塑性变形与再结晶;铁碳合金的基本相、$Fe-Fe_3C$ 相图、铁碳合金的组织、性能及用途
- 钢、低合金钢与合金钢、非合金钢、铸铁、有色金属及其合金、粉末冶金、非金属材料等
- 整体热处理(四把火):退火、正火、淬火、回火
- 表面热处理:火焰淬火和感应加热
- 化学热处理:渗碳、渗氮、渗金属
- 工具钢(碳素工具钢、合金工具钢、高速钢)和硬质合金类普通刀具材料、陶瓷刀具、金刚石刀具、立方氮化硼刀具、涂层刀具

续表

学习领域2　　机械基础技术及运用	第二、三学期　　参考学时：128

- 测量技术的基本概念；长度测量工具及其使用；专用量具的使用；测量方法和度量指标
- 车削加工、铣削加工、钻削、铰削、镗削、磨削、刨削、拉削加工的工艺范围、加工特点与加工方法；齿形加工的方法；精密加工；机床夹具的分类和组成、定位夹紧机构的概念和功能、典型机床夹具
- 生产过程和工艺过程的概念、机械加工工艺过程的组成；生产纲领、生产类型及其工艺特征；工件的定位、安装及基准的选择；获得零件加工精度的方法
- 工艺规程的内容与作用、机械制造工艺规程的格式、制订工艺规程的原则与步骤；零件的结构工艺性设计；毛坯和定位基准的选择、工艺路线的拟订；加工余量的概念、加工余量的确定；工艺尺寸链的概念、计算与应用；典型零件的加工工艺；工艺方案技术经济分析；成组工艺及计算机辅助工艺设计介绍
- 机械加工精度的概念、影响机械加工精度的因素；原始误差对加工精度的影响；加工误差的性质；提高加工精度的措施；机械加工表面质量的含义、表面质量对产品使用性能的影响、影响表面粗糙度的工艺因素及改善措施；磨削烧伤
- 装配的概念、装配工作基本内容及组织形式、机械产品的装配精度；装配尺寸链的概念、装配尺寸链的组成及查找法；机械产品装配工艺方法；制订装配工艺规程的方法与步骤；减速器装配工艺编织实例

学习领域3　　电工电子技术及运用	第一、二学期　　参考学时：112

学习目标

- 学会正确使用电流表、电压表、万用表等常用测量仪器仪表
- 学会运用示波器观测正弦波形
- 学会检测电动机
- 学会识别与检测常用低压电器
- 学会安装与调试电动机基本控制线路
- 学会组装与调试简单直流电源电路
- 学会组装与测量简单运算放大电路
- 学会设计、连接简单触发器电路

学习内容

- 掌握直流电路和交流电路的基本概念、基本原理
- 学会直流电路和交流电路的基本分析和计算方法
- 掌握二极管以及简单直流电源电路的基本结构、工作原理
- 学会二极管电路的基本分析和计算方法
- 掌握三极管及基本放大电路和集成运算放大电路的基本结构和基本工作原理
- 学会三极管基本放大电路和集成运放的分析和计算方法
- 掌握门电路及触发器电路的基本性能和基本分析方法
- 掌握变压器的基本结构、工作原理和简单计算方法
- 掌握电动机的基本结构和工作原理
- 掌握低压电器的基本结构、基本性能和主要工作原理
- 掌握电动机基本控制电路的组成和工作原理

学习领域 4 数控机床编程与加工	第二、三学期 参考学时:120

学习目标

- 掌握各种编程方法的全过程
- 掌握数控机床的编程标准及代码
- 掌握加工路线的确定,各切削参数的确定
- 掌握数控车床编程指令、车固定循环加工、圆头车刀加工编程及其补偿
- 熟悉数控车床的加工过程及对刀的方法
- 掌握各种车刀的加工特点,针对不同加工零件正确选用刀具;熟悉各种刀具材料对零件加工的影响
- 掌握数控铣床编程指令、固定循环加工,加工编程及其刀具补偿
- 熟悉数控铣床的加工过程及对刀的方法
- 掌握数控加工中心编程指令、固定循环加工,加工编程及其刀具补偿
- 熟悉数控加工中心的加工过程及对刀的方法
- 数控电火花线切割加工机床的特点及功能、数控电火花线切割加工工艺、数控电火花线切割机床的基本编程方法
- 掌握 MasterCAM、CAXA 制造工程师软件的造型、切削参数定义、加工程序生成方法

学习内容

- 编程的标准及代码
- 数控车床加工编程
- 数控铣床加工编程
- 数控加工中心加工编程
- 数控电火花线切割加工编程
- 自动编程

学习领域 5 机械 CAD/CAM	第二、三学期 参考学时:112

学习目标

- 计算机辅助图形处理
- 几何建模及特征建模
- 计算机辅助设计
- 计算机辅助工艺设计
- 数控编程和仿真
- 计算机辅助制造技术
- 计算机辅助生产管理与控制
- 智能制造与虚拟制造

续表

学习领域5　机械 CAD/CAM　　　　　　　　　第二、三学期　参考学时：112

学习内容
- 二维图形变换
- 三维图形变换
- 线框建模、曲面建模、实体建模、特征建模
- 机械 CAD 应用软件
- 计算机仿真
- CAPP 系统零件信息的描述、输入和输出
- 应用 MasterCAM 系统进行数控加工编程
- 数控加工仿真
- 计算机集成制造系统 CIMS
- 柔性制造系统 FMS
- MRP 系统
- 虚拟制造

学习领域6　液压气动规划与实施　　　　　　　第三学期　参考学时 64

学习目标
- 能较好地掌握各类液压与气压元件的功用、组成、工作原理和应用
- 具有阅读并分析典型液压与气压传动系统组成、工作原理及特点的能力
- 根据设备要求，合理选用液压元件和气压元件，并进行简单液压与气压传动装置验算
- 具有初步的液压与气动传动系统调试的排除故障的能力

学习内容
- 液压传动的工作原理及组成
- 液压油、液体的静力学、液体动力学、液体流动时的压力损失
- 液压泵与液压马达
- 液压缸
- 液压辅助元件
- 液压控制阀
- 压力控制回路、方向控制回路、速度控制回路、多缸工作控制回路
- 典型液压传动系统及故障分析
- 液压系统的设计与计算
- 气压传动

学习领域 7　数控机床机械装调	第四学期　参考学时 56

学习目标

- 正确阅读机械部件图、工艺图、装配作业指导书
- 合理安排装配、调整与检测工时
- 正确选择、合理使用常用和专用工具，并做好维护保养工作
- 正确操作专用工具、量具在符合安全规定的情况下完成机械部件的装配
- 使用专用仪器、设备完成机械部件的精度调整，并进行检查
- 机械部件与机械性能测试设备的连接与调试
- 数控机床的简单编程与操作
- 在用户现场按规程安装数控机床
- 在用户现场正确判断并排除一般机械故障

学习内容

- 数控机床主轴装调与检测
- 数控机床进给传动链装调与检测
- 数控机床刀架（刀库）装调与检测
- 数控机床液压、气压、冷却管路的装调与检测
- 整机的安装、调试与检测

学习领域 8　数控机床电气装调	第三、四学期　参考学时 120

学习目标

- 掌握数控机床电气控制的基本理论，进给运动控制（点位控制、直线控制、轮廓控制），闭环控制，主轴控制，辅助控制
- 熟悉掌握数控机床电路的基本分析方法，分析主电路、控制电路、独立电源的基本特性
- 重点掌握数控系统 I/O 接口、模拟接口电路，分析接口的基本概念、主要信号功能，了解接口信号相互作用
- 了解电磁兼容概念，运用电磁兼容采取抗干扰措施
- 熟练掌握伺服系统特性估算扭矩，了解电动机与驱动器的选用、电路连接
- 了解国内、外典型数控装置特性、功能，了解选用方法、系统连接、调试
- 掌握 PLC 控制电路特点，了解在数控机床上的典型应用，梯形图设计与调试
- 了解系统参数的作用、形式、功能、调试方法
- 掌握数控车床、铣床、加工中心的控制特点、电路设计、电路配线、连接、联调
- 学会正确使用常用的仪器和仪表调节设备，掌握电气系统的基本测试技术

学习领域 8　数控机床电气装调	第三、四学期　参考学时 120

学习内容

- 数控系统的结构及组成
- 数控系统其他常用部件,如测量类部件、控制类部件、电源电器、磁粉制动器、导线和电缆等
- 数控装置及其接口
- 机床电气原理
- 系统参数
- 数控机床进给驱动系统
- 数控机床主轴控制系统
- PLC 的操作说明

学习领域 9　生产管理与成本分析	第四学期　参考学时:48

学习目标

- 了解现代企业制度和组织机构
- 了解市场营销的作用及基本方法
- 掌握生产过程组织的方式及优化方法
- 掌握网络图的时间参数及其计算
- 掌握产品工艺管理
- 了解全面质量管理及 ISO 9000 系列标准
- 掌握资金筹集、成本与利润的计算方法
- 掌握资金的时间价值的计算方法
- 了解效益——费用分析法

学习内容

- 工业企业及其管理
- 市场营销
- 市场调查和市场预测
- 生产管理的过程组织与优化方法
- 网络计划技术
- 产品工艺管理
- 全面质量管理
- 资金筹集、成本与利润
- 资金的时间价值
- 项目经济评价的方法
- 设备更新的经济分析
- 价值工程

学习领域10　数控机床装调	第四、五学期　参考学时:112学时

学习目标

• 具备与客户的交流与协商能力,能够向客户咨询机床概况,查询数控机床技术档案,初步评定数控机床技术状况

• 能独立制订数控机床装调维修计划,并能选择正确检测设备和仪器对装调质量进行检测和数控机床调试

• 具备数控机床机械传动部件和支承件进行装配及调试能力

• 具备数控机床的刀库及换刀机构的相关零部件装调能力

• 具备数控机床的几何精度测量能力

• 具备数控工作台的拆装能力

• 具备数控系统的连接与调试能力

• 具备数控系统参数设置与调整能力

• 具备可编程机器控制器(PMC)编程与调试能力

• 具备数控机床位置精度的测试与补偿能力

学习内容

• 机械装配与调试:根据工厂提供的机械装配图纸和技术要求,完成数控机床机械部件安装、调试工作,并且保证机械精度

• 电气安装与连接:根据工厂提供的电气原理图,完成电气控制柜中、强电及控制信号的安装接线工作,并且保证连接正确可靠

• 机电联调与故障排除:

(1)根据工厂提供的数控系统、变频器、驱动器等技术手册,查找并确定需要设定的数控系统参数、变频器参数、伺服驱动器参数,完成数控系统、变频器、驱动器模块参数设置(包括机床参数设置、主轴变频器参数设置、伺服轴参数设置)

(2)根据工厂提供的PLC程序,完成机床限位、回零、急停、刀架动作、手持单元等的调试,并对调试过程中出现的故障进行诊断和排除

(3)对数控机床的主要控制功能(主轴转速、进给快移速度以及倍率等)进行测试(包括手动方式功能测试、MDI或自动方式功能测试)

• 精度检测与补偿:用专用量具和工装、工具对数控机床坐标轴的平均反向差值、重复定位精度和定位精度进行检测和补偿,填写机床位置精度检测报告

• 试切件加工:根据国家标准(现行JB8324.1)的要求,根据试切件图样进行手工编程,完成试切件加工,实测试切件的精度,填写试切件的主要精度检测表

附录 C　数控机床装调学习领域课程标准

一、学习领域定位

数控机床装调是数控技术专业针对数控机床装调维修工岗位能力培养而开设的一门核心课程。本课程构建于数控机床机械装配、数控机床调试与检测、数控机床电气装调等课程的基础上,主要培养学生利用传统和现代诊断和检测设备进行数控机床机械装调、电气装调、机电联调及数控机床故障诊断等的专业能力,同时注重培养学生的社会能力和方法能力。

二、学习领域目标

通过数控机床装调课程的学习,使学生掌握以下专业能力、社会能力和方法能力。

1. 专业能力

(1)与客户的交流与协商能力,能够向客户介绍机床概况,查询数控机床技术档案,初步评定数控机床的技术状况。

(2)能独立制订数控机床装调维修计划,并能选择正确的检测设备和仪器对装调质量进行检测和数控机床调试。

(3)数控机床机械传动部件和支承件的装配及调试能力。

(4)数控机床的刀库及换刀机构的相关零部件装调能力。

(5)数控机床的几何精度测量能力。

(6)数控工作台的拆装能力。

(7)数控系统的连接与调试能力。

(8)数控系统参数设置与调整能力。

(9)可编程机器控制器(PMC)编程与调试能力。

(10)数控机床位置精度的测试与补偿能力。

2. 社会能力

(1)较强的口头与书面表达能力、人际沟通能力。

(2)团队精神协作精神。

(3)良好的心理素质和克服困难的能力。

(4)能与客户建立良好、持久的关系。

3．方法能力

（1）能独立学习新知识、新技术。

（2）能通过各种媒体资源查找所需信息。

（3）能独立制订工作计划并实施。

（4）能不断积累维修经验，从个案中寻找共性。

三、学习情境设计

1．学习情境设计思想

数控机床装调采用以行动为导向、基于工作过程的课程开发方法进行设计，整个学习领域由若干个学习情境组成。学习情境的设计主要考虑以下因素。

（1）学习情境的设计要符合基于工作过程的教学设计思想的要求。学习情境是对真实工作过程的教学化加工，以完成具体的工作任务为目标。

（2）学习情境的前后排序要符合学生的认知规律，采用从简单到复杂、从单一到综合的排序方法。

数控机床装调学习情境的设计覆盖机床装调过程中的机械装调、电气装调及机电联调。

（3）通过对数控机床装调的典型工作任务进行分析，结合学生的认知规律，共为数控机床装调学习领域设计了4个学习情境，如表C-1所示。学习情境按照从外围到内核、从单一到综合的规律进行排序。由于数控机床系统是多个系统的综合，各个系统间相互交错，因此，在学习时先从各机械装调入手，最后在机电联调中结束。

表 C-1　数控机床装调学习情境

情境 1	情境 2	情境 3	情境 4
进给传动系统装调	主传动系统装调	刀辅传动系统装调	综合传动系统装调
36 学时	24 学时	24 学时	30 学时
合计学时：114 学时			

2．学习情境描述

学习情境的描述包括：学习情境的名称、学时、学习目标及学习内容、教学方法和建议、工具与媒体、学生已有基础和教师所需执教能力。学习目标主要描述通过该学习情境的学习学生应获得的岗位能力；学习内容主要描述在该学习情境中所需学习的知识。各学习情境的描述见表 C-2 至表 C-5。

表 C-2　学习情境 1 描述

学习情境 1：进给传动系统装调	学习时间：36 学时
	学习目标 　　(1) 掌握滚珠丝杠副工作原理及结构特点和精度要求 　　(2) 掌握滚动导轨副工作原理及结构特点和精度要求 　　(3) 观察贴塑导轨的外形及其结构，了解铸钢导轨的结构要求 　　(4) 掌握无间隙传动的联轴器的工作原理 　　(5) 认识同步齿形带及其带轮的结构 　　(6) 认识主轴和滚珠丝杠用的角接触轴承，掌握其受力和定位特点 　　(7) 能进行进给电动机和进给驱动的电气连接与调试 　　(8) 能进行进给驱动与数控装置的电气连接与调试 　　(9) 能进行辅助电气控制回路与数控装置的连接与调试 　　(10) 能独立进行机床进给系统的装调：床身与立柱之间装调、床身与工作台之间装调、立柱与主轴箱装调
主要教学内容	教学过程设计
(1) 数控机床对数控机械的要求 　　(2) 几种典型结构的特点：滚珠丝杠螺母副、滚动导轨副、贴塑导轨、无间隙传动联轴器、带传动、角接触球轴承 　　(3) 进给系统装配精度检测 　　(4) 交流伺服电动机的工作原理 　　(5) 交流伺服系统的组成 　　(6) 伺服驱动的控制技术 　　(7) 伺服驱动器控制信号接线图	教学目的：掌握数控机床进给系统的装配精度的检测和调整方法，掌握交流参数伺服系统调整方法。 　　学生情况：已基本掌握机床进给系统的机械装配操作技能、能识读进给系统电气控制系统原理图。 　　教学过程：采用任务驱动法和"教、学、做"一体化教学法。 　　首先，使用任务驱动法，以数控机床进给系统的装调检验为目标任务，使学生在任务分析与分解过程中有明确的目标（学习目标与工作目标），从而调动其学习积极性和主动性。 　　其次，采用"教、学、做"一体化教学法，基于工作任务要求。教师通过讲授专业知识、演示操作过程、分析操作结果，让学生掌握工作任务中所必需的知识内容，学会操作方法与操作过程。 　　再次，对学生进行分组，由学生按照工作任务书要求对工作内容定制实施方案与任务分工，完成半闭环进给系统的装调与检验，分析检测结果与检测方案。 　　实施评估，评估方案实施过程中存在的问题，是否达到任务书的要求，分析未达到项的主要原因与操作过程中出现的问题，在教师指导下讨论确定改进方案，按改进方案完成任务。 　　组织形式：学生分组在实训环节进行，由任课教师与实训指导教师共同指导完成。 　　实施方案演示与介绍：工作过程介绍，检验数据处理与计算方法、调整方法等

表 C-3　学习情境 2 描述

学习情境 2：主传动系统装调	学习时间：24 学时
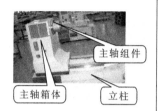 主轴组件　主轴箱体　立柱	学习目标 （1）了解数控机床主轴的结构类型，规格型号及工作原理 （2）掌握数控机床主轴的相关检验标准 （3）掌握数控机床主轴组件和主轴箱体间的装配要求 （4）掌握数控机床机械主轴系统的装配精度检验方法，能够制定正确的检验方案 （5）了解数控机床主对主传统系统的要求 （6）掌握主轴机械定向和电气定向的装配与调试方法 （7）了解高速电主轴的电气连接和速度调整方法 （8）掌握变频器的参数设置和操作方法
主要教学内容	教学过程设计
（1）各种机械主轴驱动系统的机构特点 （2）主轴传动原理及受力分析 （3）主轴组件装配的关键工艺 （4）主轴系统精度检验的量具、夹具和辅助工具准备 （5）主轴装配精度测量操作 （6）主轴动平衡检验操作 （7）主轴精度调整方法 （8）变频调速器（简称变频器）控制与变频器电气连接 （9）主轴变频器参数设定与调试	教学目的：掌握数控机床机械主轴的装配精度的检测和调整方法，培养主轴系统装配质量评定能力。 学生情况：已基本掌握机床机械主轴的装配操作技能、能识读主轴系统电气控制系统原理图。 教学过程：采用功能分析法和四步教学法。 首先，使用系统功能分析法，完成给定主轴系统的功能分析、受力分析、运动分析，形成主轴静、动态装配精度检测要点分析报告。 其次，采用四步教学法完成机械主轴装配质量评判，并对不合格的主轴系统进行调整，直至合格。 （1）教师示范完成机械主轴装配精度的数据测量及检测数据处理，质量评估以及不合格品重调（教师示范、学生观察）。 （2）学生分组完成主轴装配精度数据测量。 （3）小组对换，完成另一组同学已经完成的同一主轴的装配精度测量。 （4）两组同学共同完成对比分析两组数据，形成分析报告。 （5）完成动态精度检验及数据分析，给出主轴质量评估报告，完成不合格品德调试，给出原因分析报告

表 C-4　学习情境 3 描述

学习情境 3：刀辅传动系统装调	学习时间：24 学时
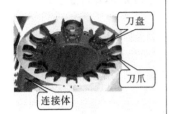 刀盘 刀爪 连接体	**学习目标** (1) 了解自动换刀机构的组成及工作原理 (2) 熟悉数控机床刀库的类型以及换刀方式 (3) 熟悉数控机床自动换刀系统和机床本体装配要求 (4) 掌握数控机床刀库系统的装配精度检验方法 (5) 掌握刀架控制的硬件连接 (6) 掌握刀库的调试方法 (7) 掌握刀库、机械手与主轴位置调试方法 (8) 掌握刀塔的调试方法
主要教学内容	**教学过程设计**
(1) 各种数控机床刀库类型以及换刀方式 (2) 转位刀架的结构特点和工作原理 (3) 机械手的结构和工作原理 (4) 讲授刀具转位定位机构的工作原理 (5) 讲授刀具在刀库中的安装基准以及定位方法 (6) 刀架转动的 PLC 控制 (7) 刀库定位、刀库运行、从刀库上手动装卸刀具 (8) CNC 系统的 CRT 显示与刀库实际位置 (9) 刀库、机械手与主轴位置机械调整与电气调整 (10) 检查和调整刀塔在接到信号或进行换刀动作后的相关问题	教学目的：掌握数控机床自动换刀机构的工作原理及其装配技能。 　学生情况：已基本掌握机床自动换刀装置的装配操作技能。 　教学过程：采用项目教学法，首先由教师讲解立式四工位刀架结构原理图，及自动换刀的基本工作原理，以及在装配过程中的注意事项；然后学生分组进行刀架与机床本体装调训练，完成以后由教师协助学生完成通电前的检查，确保电路安全后通电，通电后由各组进行独立调试。 　组织形式：在一体化教室集中上课、集中讲解后学生分组，每个小组独立完成。 实训室练习 (1) 教师提供立式四工位刀架图样。 (2) 学生分组按照图样装拆。 (3) 教师协助进行通电前的检查。 (4) 通电，各组独立调试到刀架能正解进行分度换刀。 (5) 教师评定，打分

表 C-5　学习情境 4 描述

学习情境 4:综合传动系统装调	学习时间:30 学时
	学习目标 （1）了解数控机床安装 （2）熟悉数控机床调试前的检查工作程序 （3）掌握数控机床 CNC 系统的功能检查和调试 （4）掌握数控机床的整机调试程序和方法 （5）掌握数控机床的精度检测
主要教学内容	教学过程设计
（1）数控机床安装前的技术准备 （2）输入电源电压、频率和相序的确认及检查 （3）机械部分、液压部分、气动系统、润滑系统、冷却系统和排屑系统的检查 （4）通电后的检查 （5）CRT 显示内容检查和功能调试 （6）CNC 系统通电后的硬件检查和调试 （7）对数控机床主机各部位的调试 （8）数控机床的空运转和负荷试验 （9）数控机床几何精度的检测 （10）数控机床的位置精度检测	教学目的:掌握数控机床主要零部件的装配精度的检测和调整方法,培养机床整机系统装配质量的评定能力。 学生情况:已基本掌握机床整机的装配操作技能。 教学过程:采用功能分析法和四步教学法。 　　首先,使用系统功能分析法,完成给定机床的功能分析、运动分析,形成机床装配精度检测要点分析报告。 　　其次,采用四步教学法完成机床主要部分装配质量评判,并对不合格的机床装配系统进行调整,直至合格。 　　（1）教师示范完成机床各部件装配精度的数据测量及检测数据处理,质量评估以及不合格品重调(教师示范、学生观察)。 　　（2）学生分组完成机床主要部件装配精度数据测量。 　　（3）小组对换,完成另一组同学已经完成的同一机床部件的装配精度测量。 　　（4）两组同学共同完成对比分析两组数据,形成分析报告

四、考核方式

　　建立过程考评(任务考评)与期末考评(课程考评)相结合的方法,强调过程考评的重要性。过程考评占 70 分,期末考评占 30 分。具体考核要求见表 C-6。

表 C-6　考核要求

考评方式	过程考评(项目考评)70			期末考评 (卷面考评)
	素质考评	工单考评	实操考评	
	10	20	40	30
考评实施	由指导教师根据学生表现集中考评	由指导教师根据学生完成的工单情况考评	由实训指导教师对学生进行项目操作考评	按照教考分离原则,由学校教务处组织考评
考评标准	根据遵守设备安全、人身安全规定和生产纪律等情况进行打分(10分)	预习内容(10分) 项目操作过程记录(10分)	任务方案正确(7分) 工具使用正确(13分) 操作过程正确(17分) 任务完成良好(3分)	5种题型: 填空题,选择题,判断题,名词解释题,问答题

注:造成设备损坏或人身伤害的本项目计0分。

五、教学媒体资源

1.《数控机床装调》,电子工业出版社,陈泽宇、秦自强主编。

2.《数控机床实验指南》,华中科技大学出版社,陈吉红、杨克冲主编。

3.《数控机床电气控制》,华中科技大学出版社,杨克冲、陈吉红、郑小年主编。

4.《数控电气控制基础及实训》,武汉华中数控股份有限公司,国培部编写。

5.《现代数控机床全过程维修》,人民邮电出版社,左文刚主编。

6.《数控机床调试、使用与维护》,化学工业出版社,王刚主编。

7.《中国机械工业标准汇编——数控机床卷(上、下)》,中国标准出版社,中国标准出版社、全国机床标准化技术委员会编。

8.《TH6340交换台卧式加工中心》维修手册,韩国世一重型机械有限公司编。

9.《TNL—500数控车削加工中心》维修手册,韩国世一重型机械有限公司编。

10.《VMC80立式加工中心》维修手册,韩国世一重型机械有限公司编。

11.《XH654卧式床身仿形铣床》维修手册,广州机床厂有限公司编。

12.《机构动画》,百思网、三维网。

13.《数控机床操作》,视频资源来自机械工业出版社。

附录 D 数控机床装调维修工国家职业资格标准

1 职业概况

1.1 职业名称

数控机床装调维修工。

1.2 职业定义

使用相关工具、工装、仪器,对数控机床进行装配、调试和维修的人员。

1.3 职业等级

本职业共设四个等级,分别为中级(国家职业资格四级)、高级(国家职业资格三级)、技师(国家职业资格二级)、高级技师(国家职业资格一级)。

1.4 职业环境

室内,常温。

1.5 职业能力特征

具有较强的学习、理解、计算能力;有较强的空间感、形体知觉、听觉和色觉,手指、手臂灵活,形体动作协调性强。

1.6 基本文化程度

高中毕业(或同等学力)。

1.7 培训要求

1.7.1 培训期限

全日制职业学校教育,根据其培养目标和教学计划确定。晋级培训期限:中级不少于 400 标准学时;高级不少于 300 标准学时;技师不少于 300 标准学时;高级技师不少于 200 标准学时。

1.7.2 培训教师

培训中级、高级数控机床装调维修工的教师应具有本职业技师及以上职业资格证书或本专业(相关专业)中级及以上专业技术职务任职资格;培训技师的教师应具有本职业高级技师职业资格证书或本专业(相关专业)高级专业技术职务任职资格;培训高级技师的教师应具有本职业高级技师职业资格证书 2 年以上或本专业(相关专业)高级技术职务任职资格。

1.7.3 培训场地设备

满足教学需要的标准教室和完成本职业相关数控机床及相关零部件总成(包括配电柜)、工具、量具等。实际操作培训可在车间装配现场进行。

1.8 鉴定要求

1.8.1 适用对象

从事或准备从事本职业的人员。

1.8.2 申报条件

1)中级(具备以下条件之一者)

(1)取得装配钳工、机修钳工、车工、磨工、铣工、镗工等职业初级职业资格证

书后,连续从事本职业工作 2 年以上,经本职业中级正规培训达规定标准学时数,并取得结业证书。

(2) 取得装配钳工、机修钳工、车工、磨工、铣工、镗工等职业初级职业资格证书后,连续从事本职业工作 4 年以上。

(3) 连续从事相关职业工作 7 年以上。

(4) 取得经劳动保障行政部门审核认定的、以中级技能为培养目标的中等以上职业学校本职业(专业)毕业证书。

2) 高级(具备以下条件之一者)

(1) 取得本职业中级职业资格证书后,连续从事本职业工作 4 年以上,经本职业高级正规培训达规定标准学时数,并取得结业证书。

(2) 取得本职业中级职业资格证书后,连续从事本职业工作 7 年以上。

(3) 取得高级技工学校或经劳动保障行政部门审核认定的、以高级技能为培养目标的高等职业学校本职业(专业)毕业证书。

3) 技师(具备以下条件之一者)

(1) 取得本职业高级职业资格证书后,连续从事本职业工作 5 年以上,经本职业技师正规培训达规定标准学时数,并取得结业证书。

(2) 取得本职业高级职业资格证书后,连续从事本职业工作 8 年以上。

(3) 取得本职业高级职业资格证书的高级技工学校本职业(专业)毕业生,连续从事本职业工作 2 年以上。

4) 高级技师(具备以下条件之一者)

(1) 取得本职业技师职业资格证书后,连续从事本职业工作 3 年以上,经本职业高级技师正规培训达规定标准学时数,并取得结业证书。

(2) 取得本职业技师职业资格证书后,连续从事本职业工作 5 年以上。

1.8.3 鉴定方式

分为理论知识考试和技能操作考核。理论知识考试采用闭卷笔试方式,技能操作考核采用实际操作或模拟操作方式。理论知识考试和技能操作考核均实行百分制,成绩皆达 60 分及以上者为合格。技师和高级技师还须进行综合评审。

1.8.4 考评人员与考生配比

理论知识考试考评人员与考生配比为 1 比 15,每个标准教室不少于 2 名考评人员;技能操作考核考评员与考生配比为 1 比 5,且不少于 3 名考评员;综合评审委员不少于 5 人。

1.8.5 鉴定时间

理论知识考试不少于 120 min;技能操作考核时间为:中级不少于 180 min;高级、技师、高级技师均不少于 240 min;综合评审不少于 30 min。

1.8.6 鉴定场所、设备

理论知识考试在标准教室进行;技能操作考核在具备必备设备、工具、夹具、量具的场所或现场进行。

2 基本要求

2.1 职业道德

2.1.1 职业道德基本知识

2.1.2 职业守则

(1) 遵守法律、法规和有关规定。

(2) 爱岗敬业,具有高度的责任心。

(3) 严格执行工作程序、工作规范、工艺文件和安全操作规程。

(4) 工作认真负责,团结合作。

(5) 爱护设备及工具、夹具、刀具、量具。

(6) 着装整洁,符合规定。保持工作环境清洁有序,文明生产。

2.2 基础知识

2.2.1 基础理论知识

(1) 机械识图知识。

(2) 电气识图知识。

(3) 公差配合与形位公差知识。

(4) 金属材料及热处理基础知识。

(5) 机床电气基础知识。

(6) 金属切削刀具基础知识。

(7) 液压与气动基础知识。

(8) 测量与误差分析基础知识。

(9) 计算机基础知识。

2.2.2 机械装调基础知识

(1) 钳工操作基础知识。

(2) 数控机床机械结构基础知识。

(3) 数控机床机械装配工艺基础知识。

2.2.3 电气装调基础知识

(1) 电工操作基础知识。

(2) 数控机床电气结构基础知识。

(3) 数控机床电气装配工艺基础知识。

(4) 数控机床操作与编程基础知识。

2.2.4 维修基础知识

(1) 数控机床精度与检测基础知识。

(2) 数控机床故障与诊断基础知识。

2.2.5 安全文明生产与环境保护知识

(1) 现场安全文明生产要求。

(2) 安全操作与劳动保护知识。

(3) 环境保护知识。

2.2.6　质量管理知识

(1) 企业质量目标。

(2) 岗位质量要求。

(3) 岗位质量保证措施与责任。

2.2.7　相关法律、法规知识

(1)《中华人民共和国劳动法》相关知识。

(2)《中华人民共和国合同法》相关知识。

3　工作要求

本标准对中级、高级、技师和高级技师的技能要求依次递进,高级别涵盖低级别的要求。根据所从事工作,中级、高级在职业功能"一、二、三、四"模块中任选其一进行考核,技师、高级技师在职业功能"一、二"模块中任选其一进行考核。

3.1　中级

职业功能	工作内容	技 能 要 求	相 关 知 识
一、数控机床机械装调	(一)机械功能部件装配	1. 能读懂本岗位零部件装配图 2. 能读懂本岗位零部件装配工艺卡 3. 能绘制轴、套盘类零件图 4. 能按照工序选择工具、工装 5. 能钻铰孔,并达到以下要求:公差等级 IT8,表面粗糙度 $Ra1.6~\mu m$ 6. 能加工 M12 以下的螺纹,没有明显的倾斜 7. 能手工刃磨标准麻花钻头 8. 能刮削平板,并达到以下要求:在 25 mm×25 mm 范围内接触点数不小于 16 点表面粗糙度 $Ra0.8~\mu m$ 9. 能完成有配合、密封要求的零件装配 10. 能完成有预紧力要求或有特殊要求的零部件装配(如主轴轴承、主轴的动平衡等) 11. 能对以下功能部件中的一种进行装配: (1) 主轴箱 (2) 进给系统 (3) 换刀装置(刀架、刀库与机械手) (4) 辅助设备(液压系统、气动系统、润滑系统、冷却系统、排屑、防护等)	1. 装配图与零部件配合公差知识 2. 机械零部件装配结构知识 3. 机械零部件装配工艺知识(如轴承与轴承组的装配,有配合密封要求组件的装配等) 4. 轴、套、盘类零件图的画法 5. 数控机床功能部件(如主轴箱、进给传动系统、刀架、刀库、机械手、液压站等)的结构、工作原理及其装配工艺知识 6. 典型装配工装结构原理知识 7. 钳工基本知识(如刀具材料的选择、钻头和丝锥尺寸的选择钻头和铰刀尺寸的选择、锯削、锉削、刮削、研磨等) 8. 手工刃磨标准麻花钻头的知识 9. 加工切削参数 10. 特殊要求的数控机床部件的装配方法 11. 液压、气动、润滑、冷却知识

职业功能	工作内容	技 能 要 求	相 关 知 识
一、数控机床机械装调	（二）机械功能部件与整机调整	1．能对上述功能部件中的一种进行装配后的试车调整（如主轴箱的空运转试验、刀架的空运转试验、液压站的试验等） 2．能进行一种型号数控系统的操作（如启动、关机、JOG 方式、手轮方式等） 3．能应用一种型号数控系统进行加工编程	1．功能部件空运转试验知识 2．功能部件装配精度的测试方法 3．通用量具、专用量具、检具的使用方法 4．数控机床系统面板、机床操作面板的使用方法 5．数控机床操作说明书
二、数控机床机械维修	（一）机械功能部件维修	1．能读懂维修零部件装配图 2．能按照工序选择维修的工具、工装 3．能对以下功能部件中的一种进行拆卸和再装配： （1）主轴箱 （2）进给系统 （3）换刀装置（刀架、刀库与机械手） （4）辅助设备（液压系统、气动系统、润滑系统、冷却系统、排屑、防护等） 4．能检修齿轮、花键轴、轴承、密封件、弹簧、紧固件等 5．能检查调整各种零部件的配合间隙（如齿轮啮合间隙、轴承间隙等） 6．能绘制轴、套、盘类零件图	1．零部件装配图识图知识 2．机械零部件装配结构知识 3．机械零部件装配工艺知识（如齿轮传动机构的装配，轴承与轴承组的装配，配合、密封要求的组件的装配等） 4．机械零部件装配图与零部件配合公差知识 5．典型工装的结构原理 6．配合件的检修知识 7．齿轮、花键轴、轴承、密封件、弹簧、紧固件等的检修方法 8．齿轮啮合间隙调整知识 9．轴承间隙调整知识 10．数控机床结构知识 11．液压与气动知识 12．轴、套、盘类零件图的画法
	（二）机械功能部件与整机调整	1．能对上述功能部件中的一种进行维修后的试车调整 2．能进行一种型号数控系统的操作（如启动、关机、JOG 方式、MDI 方式、手轮方式等） 3．能应用一种型号数控系统进行加工编程 4．能判断加工中因操作不当引起的故障	1．各功能部件空运转试车知识 2．数控机床操作与数控系统操作说明书 3．加工中因操作不当引起的故障的表现形式

职业功能	工作内容	技 能 要 求	相 关 知 识
三、数控机床电气装调	(一)电气功能部件装配	1. 能读懂数控机床电气装配图、电气原理图、电气接线图 2. 能对以下功能部件中的两种进行配线与装配: (1)电气柜的配电板 (2)机床操纵台 (3)电气柜到机床各部分的连接 3. 能根据工作内容选择常用仪器、仪表 4. 能在薄铁板上钻孔 5. 能刃磨标准麻花钻头 6. 能使用电烙铁焊接电气元件 7. 能根据电气图要求确认常用电气元件及导线、电缆线的规格	1. 数控机床电气装配图、电气原理图、电气接线图的识图知识 2. 常用仪器、仪表的规格及用途 3. 仪器、仪表的选择原则及使用方法 4. 锡焊方法 5. 常用电气元件、导线、电缆线的规格 6. 电工操作技术与装配知识 7. 接地保护知识
	(二)电气功能部件调整	1. 能对系统操作面板、机床操作面板进行操作。 2. 能进行数控机床一般功能的调试(如启动、关机、JOG方式、MDI方式、手轮方式等)	1. 数控机床操作面板的使用方法 2. 数控机床一般功能的调试方法
四、数控机床电气维修	(一)电气功能部件维修	1. 能读懂数控机床 电气装配图、电气原理图、电气接线图 2. 能对以下功能部件进行拆卸和再装配: (1)电气柜的配电板 (2)机床操纵台 (3)电气柜与机床各部分的连接 3. 能对电气维修中的配线质量进行检查,能解决配线中出现的问题	1. 数控机床电气装配图、电气原理图、电气接线图的识图知识 2. 常用仪器、仪表的规格、用途 3. 仪器、仪表的选择原则及使用方法 4. 锡焊方法 5. 常用电气元件、导线、电缆线的规格 6. 电工操作技术与装配知识 7. 电气装配规范
	(二)整机电气调整	1. 能对系统操作面板、机床操作面板进行操作 2. 能进行数控机床一般功能的调试(如启动、关机、JOG方式、MDI方式、手轮方式等) 3. 能使用数控机床诊断功能或电气梯形图等分析故障 4. 能排除数控机床调试中常见的电气故障	1. 数控机床操作面板的使用方法 2. 数控机床一般功能的调试方法 3. 分析、排除电气故障的常用方法 4. 机床常用参数知识 5. 数控机床诊断功能和电气梯形图知识

3.2 高级

职业功能	工作内容	技 能 要 求	相 关 知 识
一、数控机床机械装调	（一）机械功能部件装配和机床总装	1. 能读懂数控机床总装配图或部件装配图 2. 能绘制连接件装配图 3. 能根据整机装配调试要求准备工具、工装 4. 能完成两种以上机械功能部件（主轴箱、进给系统、换刀装置、辅助设备）的装配或一种以上型号数控机床总装配（如数控车床主轴箱与床身的装配、加工中心机床主轴箱与立柱的装配、工作台与床身的装配等） 5. 能进行数控机床总装后几何精度、工作精度的检测和调整 6. 能读懂三坐标测量报告、激光检测报告，并能进行一般误差分析和调整（如垂直度、平行度、同轴度、位置度等）	1. 数控机床总装配图或部件装配图识图知识 2. 连接件装配图的画法 3. 整机装配调试所用工具、工装原理知识及使用方法 4. 数控机床液压与气动工作原理 5. 数控机床总装配知识 6. 数控机床几何精度、工作精度检测和调整方法 7. 阅读三坐标测量报告、激光检测报告的方法 8. 一般误差分析和调整的方法
	（二）机械功能部件与整机调整	1. 能读懂数控机床电气原理图、电气接线图 2. 机床通电试车时，能完成机床数控系统初始化后的资料输入 3. 能进行系统操作面板、机床操作面板的功能调整 4. 能进行数控机床试车（如空运转） 5. 能通过修改常用参数来调整机床性能 6. 能进行两种型号以上数控系统的操作 7. 能进行两种型号以上数控系统的加工编程 8. 能根据零件加工工艺要求准备刀具、夹具 9. 能完成试车工件的加工 10. 能使用通用量具对所加工工件进行检测，并进行误差分析和调整	1. 数控机床电气原理图、电气接线图识图知识 2. 电气元件标注及画法 3. 数控系统的通信方式 4. 数控机床参数基本知识 5. 数控系统的使用说明书 6. 试车工艺规程 7. 刀具的几何角度、功能及刀具材料的切削性能知识 8. 零件加工中夹具的使用方法 9. 零件加工切削参数的选择 10. 数控机床加工工艺知识 11. 加工工件测量与误差分析方法

职业功能	工作内容	技 能 要 求	相 关 知 识
二、数控机床机械维修	（一）整机维修	1. 懂机床总装配图或部件装配图 2. 懂数控机床电气原理图电气接线图 3. 能读懂数控机床液压与气动原理图 4. 能拆卸、组装整台数控机床（如数控车床主轴箱与床身的拆装、床鞍与床身的拆装、加工中心机床主轴箱与立柱的拆装、工作台与床身的拆装等） 5. 能通过数控机床诊断功能判断常见机械、电气、液压（气动）故障 6. 能排除数控机床的机械故障 7. 能排除数控机床的强电故障	1. 数控机床总装配图或部件装配图或部件装配图识图知识 2. 数控机床电气原理图、电气接线图识图知识 3. 电气元件标注及画法 4. 液压与气动原理图 5. 拆卸、组装数控机床的方法 6. 应用数控机床诊断功能判断常见机械、电气液压（气动）故障的方法 7. 数控机床机械故障的排除知识 8. 数控机床强电故障的排除知识
	（二）整机调整	1. 能完成数控机床数控系统初始化后的资料输入 2. 能进行系统操作面板、机床操作面板的功能调整 3. 能通过修改常用参数调整机床性能 4. 能进行数控机床几何精度、工作精度的检测和调整 5. 能读懂三坐标测量报告、激光检测报告，并进行一般误差分析和调整（如垂直度、平行度、同轴度、位置度等） 6. 能对数控机床加工编程 7. 能根据零件加工具 8. 能使用通用量具对加工工件进行检测，并进行误差分析和调整	1. 数控系统的通信方式 2. 数控机床操作说明书 3. 数控机床参数基本知识 4. 数控系统操作说明书 5. 数控机床几何精度和工作精度检验方法 6. 三坐标测量报告、激光检测报告的阅读方法 7. 对三坐标测量报告、激光检测报告中的误差进行分析和调整的方法 8. 刀具的几何角度、功能及刀具材料的切削性能知识 9. 零件加工中夹具的使用方法 10. 零件加工切削参数的选择 11. 数控机床加工工艺知识 12. 加工工件测量与误差分析方法

续表

职业功能	工作内容	技 能 要 求	相 关 知 识
三、数控机床电气装调	（一）整机电气装配	1．能读懂数控机床电气装配图、电气原理图、电气接线图,电气装配图、电气原理图、电气接线图 2．能读懂机床总装配图 3．能读懂数控机床液压与气动原理图 4．能读懂与电气相关的机械图（如数控刀架、刀库与机械手） 5．能按照电气图要求安装两种型号以上数控机床全部电路,包括配电板、电气柜、操作台、主轴变频器、机床各部分之间电缆线的连接等	1．数控机床电气装配图、电气线图识图知识原理图、电气连接图 2．数控机床 PLC 梯形图知识 3．机床总装图知识 4．数控机床液压与气动原理知识 5．与电气相送的机械部件图（如数控刀架、刀库与机械手等）识图知识 6．一般电气元器件的名称及用途 7．CNC 接口电路、伺服装置、可编程控制器、主轴变频器等数控系统硬件知识
	（二）整机电气调整	1．能在数控机床通电试车时,通过机床通信口将机床参数与 PLC 程序（如梯形图）传入 CNC 控制器中 2．能使用系统参数 PLC 参数、变频器参数等对数控机床进行调整 3．能通过数控机床诊断功能进行机床各种功能的调试 4．能应用数控系统编制加工程序（选用常用刀具） 5．能进行数控机床试车（如空运转） 6．能试车加工工件 7．能调平机床导轨 8．能调整数控机床几何精度	1．数控系统通信方式 2．数控机床 PLC 程序（如梯形图）知识 3．数控机床参数使用知识 4．变频器操作及维修知识 5．应用数控机床诊断功能调试机床各种功能的知识 6．刀具的几何角度、功能及刀具材料的切削性能 7．数控机床操作方法 8．数控系统的编程方法 9．机械零件加工工艺 10．机床水平调整的方法 11．数控机床几何精度调整知识 12．数控机床、数控系统操作说明书 13．数控系统连接说明书 14．数控系统参数说明书

职业功能	工作内容	技 能 要 求	相 关 知 识
四、数控机床电气维修	（一）整机电气维修	1. 能读懂数控机床电气装配图、电气原理图、电气接线图 2. 能读懂数控机床总装配图 3. 能读懂液压与气动原理图 4. 能读懂与电气部分相关的机械图（如数控刀架、刀库与机械手等） 5. 能通过仪器、仪表检查故障点 6. 能通过数控系统诊断功能、PLC梯形图等诊断数控机床常见电气、机械、液压故障 7. 能完成两种规格以上数控机床常见强、弱电气故障的维修	1. 数控机床电气装配图、电气原理图、电气接线图识读知识 2. 数控机床 PLC 梯形图知识 3. 数控机床总装配图知识 4. 液压与气动原理知识 5. 数控刀架、刀库与机械手原理知识 6. 仪器、仪表使用知识 7. 数控系统自诊断功能知识 8. 数控机床电气故障与诊断方法 9. 机床传动的基础知识 10. 数控机床液压与气动工作原理 11. 数控机床数控系统操作说明书 12. 数控系统连接说明书 13. 数控系统参数说明书
	（二）整机电气调整	1. 能读懂 PLC 梯形图，并能修改其中的错误 2. 能使用系统参数、PLC 参数、变频器参数等对数控机床进行调整 3. 能在数控机床通电试车时，通过通信口将机床参数与 PLC（如梯形图）程序传入 CNC 控制器中 4. 能进行数控机床各种功能的调试 5. 能应用数控系统编制加工程序 6. 能对数控机床进行试车调整（如空转） 7. 能选用常用刀具加工试车工件 8. 能对机床进行水平调整 9. 能进行数控机床几何精度检测 10. 能读懂三坐标测量报告、激光检测报告并进行一般分析（如垂直度、平行度、同轴度、位置度等） 11. 能使用通用量具对轴类、盘类工件进行检测，并进行误差分析	1. 数控机床 PLC（如梯形图）程序知识 2. 数控机床各种参数使用知识 3. CNC 接口电路、伺服装置、可编程控制器主轴变频器等数控系统硬件知识 4. 变频器操作及维修知识 5. 数控系统的通信方式 6. 数控机床功能调试知识 7. 刀具的几何角度、功能及刀具材料的切削性能 8. 数控机床操作说明书 9. 数控系统编制加工程序的方法 10. 机械零件加工工艺 11. 数控机床水平调整方法 12. 数控机床几何精度调整知识 13. 三坐标测量报告、激光检测报告的阅读知识 14. 通用量具使用方法 15. 轴类、盘类工件的检测与误差分析知识

3.3 技师

职业功能	工作内容	技能要求	相关知识
一、数控机床机械装调与维修	数控机床机械装配与调整	1. 能读懂数控机床电气、液(气)压系统原理图、电气接线图 2. 能提出装配需要的专用夹具、工具的设计方案,并能绘制草图 3. 能借助词典看懂进口设备相关外文标牌及产品简要说明 4. 能编制新产品装配工艺规程 5. 能完成数控机床的机械总装、试车、机械部分的调整 6. 能通过阅读使用说明书对各种型号数控系统进行加工编程 7. 能完成新产品的装配、调试 8. 能判断机械装配关系的合理性,并能对装配关系中不合理的结构提出修改方案,并能实施解决	1. 数控机床机械、电气、液(气)压系统原理图的识读方法 2. 一般夹具的设计与制造知识 3. 进口设备外文标牌及产品简要说明的中外文对照表 4. 数控系统加工编程知识 5. 装配工艺编制知识 6. 宏程序编程知识 7. 数控机床的机械调试知识 8. 自动控制知识
二、数控机床电气装调与维修	(一)数控机床电气维修	1. 能修改数控机床的参数,并排除由此引起的故障 2. 能修改数控机床PLC程序中不合理之处 3. 能排除数控机床的各种强、弱电电气故障 4. 能排除数控机床的常见机械故障	1. 数控机床PLC程序的编制知识 2. 数控机床各种强、弱电电气故障排除知识 3. 数控机床常见机械故障的排除方法
	(二)数控机床电气技术改造	能对数控机床电气方面的不合理之处提出修改方案,并进行方案实施	1. 数控机床结构及各部分工作原理 2. 数控机床电气改造知识
三、培训与指导	(一)指导操作	能指导高级及以下人员的实际操作	1. 培训教学的基本方法 2. 指导操作的基本要求和基本方法 3. 培训大纲撰写方法
	(二)理论培训	能撰写培训大纲	

职业功能	工作内容	技 能 要 求	相 关 知 识
四、管理	(一)质量管理	1. 能在本职工作中贯彻各项质量标准 2. 能应用质量管理知识实施操作过程的质量分析与控制	相关质量标准
	(二)生产管理	能组织有关人员协同作业	多人协同作业的组织管理方法

3.4 高级技师

职业功能	工作内容	技 能 要 求	相 关 知 识
一、数控机床机械装调与维修	(一)数控机床机械装配与调整	1. 能读懂进口数控设备的机械、电气、液(气)压系统原理图、电气接线图 2. 能够借助词典看懂进口数控机床使用说明书 3. 能对进口数控设备编程 4. 能组织解决高速、精密、大型数控设备装配中出现的疑难问题 5. 能组织解决新产品装配、调整中出现的重大疑难问题(如加工精度、振动、变形、噪声等)	1. 进口数控设备的机械、电气、液(气)压系统原理图、电气接线图识读知识 2. 计算机 CAD 绘图知识 3. 专用夹具、模具知识 4. 进口数控机床使用说明书(中外文对照表) 5. 进口数控设备数控编程知识 6. 计算机 CAM 自动编程软件知识 7. 高速、精密、大型数控设备及新产品装配、调试知识 8. 装配、调试中出现的技术难题解决的方法
	(二)数控机床机械维修	1. 能诊断并排除进口数控机床机械、液压、气动故障 2. 能确定电气故障到集成线路板,并加以排除 3. 能通过网络咨询解决疑难问题	1. 进口数控机床机械与电气故障诊断与排除的知识 2. 计算机网络应用知识
	(三)新技术应用	1. 能应用和推广国内外的新工艺、新技术、新材料、新设备 2. 能对进口数控机床进行项目改造(机械部分)	1. 国内外新工艺、新技术、新材料、新设备应用知识 2. 数控机床项目改造知识

续表

职业功能	工作内容	技 能 要 求	相 关 知 识
二、数控机床电气装调与维修	（一）数控机床电气装配与调整	1. 能读懂各类数控机床（进口数控设备）的电气、机械、液（气）压系统原理图 2. 能绘制电气原理图与电气接线图 3. 能够借助词典看懂进口数控设备相关外文资料 4. 能对进口数控设备编程 5. 能组织解决在装配高速、精密、大型数控设备中出现的电气疑难问题 6. 能对电气故障进行检测，并能判断故障点 7. 能解决新产品装配调试中出现的各种疑难问题或意外情况	1. 进口数控设备的电气、机械、液（气）压系统原理图识图知识 2. 计算机 CAD 绘图知识 3. 进口数控设备资料中的科技外文知识 4. 进口数控设备的编程知识 5. 计算机 CAM 自动编程软件知识 6. 数控线路板故障分析的知识和方法 7. 机、电、液一体化知识
	（二）数控机床电气维修	1. 能诊断并排除进口数控机床的全部电气故障 2. 能解决数控机床维修中与电气故障相关的问题	进口数控机床故障诊断与排除的知识
	（三）新技术应用	1. 能应用和推广国内外新工艺、新技术、新材料、新设备 2. 能对进口数控机床进行项目改造（电气部分）	1. 国内外新工艺、新技术、新材料、新设备应用知识 2. 进口数控机床的电气机械液（气）压原理知识 3. 数控机床项目改造（电气部分）知识
三、培训与指导	（一）指导操作	能指导技师及以下人员的实际操作	培训讲义的撰写知识
	（二）理论培训	1. 能对高级及以下人员进行专业技能培训 2. 能撰写培训讲义	
四、管理	（一）质量管理	1. 能组织进行质量攻关 2. 能提出产品质量评审方案	1. 质量攻关的组织方法与措施 2. 产品质量评审知识
	（二）生产管理	能根据生产计划提出调度及人员管理方案	生产管理基本知识

3.5 考核

项 目			中级/(%)	高级/(%)	技师/(%)	高级技师/(%)
基本要求		职业道德				
		基础知识				
相关知识	每个职业功能任选其一进行考核	数控机床机械装调	机械功能部件装配				
			机械功能部件装配和机床总装				
			机械功能部件调整与整机调整				
		数控机床机械维修	机械功能部件维修				
			机械功能部件调整与整机调整				
			整机维修				
			整机调整				
		数控机床电气装调	电气功能部件装配				
			电气功能部件调整				
			整机电气装配				
			整机电气调整				
		数控机床电气维修	电气功能部件维修				
			整机电气维修				
			整机电气调整				
		数控机床机械装调与维修	数控机床机械装配与调整				
			数控机床机械维修				
			数控机床机械技术改造				
			新技术应用				
		数控机床电气装调与维修	数控机床电气装配与调整				
			数控机床电气维修				
			数控机床电气技术改造				
			新技术应用				
		培训与指导					
		管理					
合计						

214

项　　目			中级 /(%)	高级 /(%)	技师 /(%)	高级技师 /(%)
技能要求	每个职业功能任选其一进行考核	数控机床机械装调	机械功能部件装配			
			机械功能部件装配和机床总装			
			机械功能部件调整与整机调整			
		数控机床机械维修	机械功能部件维修			
			机械功能部件调整与整机调整			
			整机维修			
			整机调整			
		数控机床电气装调	电气功能部件装配			
			电气功能部件调整			
			整机电气装配			
			整机电气调整			
		数控机床电气维修	电气功能部件维修			
			整机电气维修			
			整机电气调整			
		数控机床机械装调与维修	数控机床机械装配与调整			
			数控机床机械维修			
			数控机床机械技术改造			
			新技术应用			
		数控机床电气装调与维修	数控机床电气装配与调整			
			数控机床电气维修			
			数控机床电气技术改造			
			新技术应用			
	培训与指导					
	管理					
合计						

附录 E　对工作过程系统化的课程体系构建途径的思考

一、前言

在实施行动导向教学模式中,教师已由传统的"传道、授业、解惑"转为教育活动的促进者、设计者和引领者,这对教师的素质提出了更高的要求:要以工作过程为考核重点,通过各个教学环节,提高学生了解资讯的全面性、决策的正确性、计划的前瞻性、实施的高效性、检查的全面性、评估的规范性。

以工作过程为导向的课程体系,要求教师以工作岗位的工作过程为主线,以岗位的工作任务为载体,在完成具体工作任务的同时,引导学生自主学习与工作任务相关的知识并培养学生的职业能力。目前的课程开发状态是:专业课程在以工作过程选择及组织化教学内容方面取得成功,而专业基础课在基于"工作过程"开发中滞后于专业课,专业课程体系缺少系统思考、整体规划。教育部高等教育司《国家精品课程申报指南》要求申报课程为"全国各高职高专院校所开设的侧重专业领域的课程,同时兼顾职业化特色鲜明的基础理论课程"。只有把特色鲜明的基础理论课做实做强,在专业领域的课程中实施以工作过程为导向的课程改革时才会取得事半功倍的效果,否则就是本末倒置、事倍功半。

"高职的课程体系和课程内容必须要按工作过程的要求进行设计,从学科性的课程体系转移到工作过程为导向的课程体系,这种改革是脱胎换骨的,是颠覆性的改革。"

下文列出了构建专业工作过程系统化的课程体系的基本步骤,说明了其指导思想,提出了"专业载体"的概念,建议专业内的各门课程采取"载体一致"原则,积极构建以工作过程为导向的专业技术课程体系。

二、成熟的课程体系源于调研

课程开发要实现职业教育目标,体现职业能力培养,首先要保证课程设置的源头——课程体系是源于岗位工作任务分析。在职业教育专业课程的开发过程中,只有颠覆传统的学科教育的理念,并对每个环节进行反复调研论证并经实践检验,最终才能形成比较成熟的课程体系。基于工作过程的课程体系开发,有效地保证了专业教学目标能够从市场需求的逻辑起点出发,最大限度地满足职业能力培养的目标要求。在课程体系开发中,关键要遵循"确定专业面对的工作岗位或岗位群——岗位典型工作任务分析——行动领域归纳——学习领域开发"这样一条逻辑主线。在开发过程中,要从专业服务的岗位(群)工作任务调研入手,并依据典型工作任务的能力要求,分析、归纳、总结形成不同的行动领域,再经过科学的分析,实现行动领域到学习领域的转化,构成专业课程体系。

岗位(群)工作任务调研具体步骤如下。

1) 调研毕业生就业岗位具体工作任务和职业素养要求

本着"既关注初始就业又兼顾岗位升迁"的原则,专题调研参加工作 6 年以内毕业生的就业岗位、升迁经历及岗位具体工作任务,并了解他们对教学工作的意见和建议。

根据由调研资料得到的毕业生就业岗位分布,并综合考虑因技术发展而形成的新岗位,确定 2～3 个主要就业岗位、2～3 个次要就业岗位,并征集这些岗位上的 80～100 个具体工作任务。

2) 归纳出典型工作任务和职业能力发展的不同阶段,形成专业课程

选聘企业生产、管理等一线的技术和管理人员组成专家组。专家组根据专业面向岗位的实际工作状况,将 80～100 个具体工作任务归纳为校内学习的 10～15 项典型工作任务。根据"一一对应"的关系,将典型工作任务转换成同名称专业课程。

企业专家和学校教师根据"新学徒"、"普通技工"、"高技能人才"三个职业能力发展阶段共同提出了对应的"入门"、"专项"、"综合"三个学校学习阶段。根据高职学生入学时的知识与技能水平,提出在入门学习和专项学习阶段应设置必要的基础课程和基础技能实训项目,综合学习阶段还要开设专业技能考证选修课程。

3) 按三个阶段的职业能力培养要求对专业课程进行排序

专家组和学校教师一起根据专业课程知识与技能的综合程度和教学过程中获得物化学习成果的难易程度,对专业课程按照"入门"、"专项"、"综合"三个学习阶段,进行评级分类,同一阶段的课程,再根据课程之间的衔接要求进行排序。

为了使学生初步了解专业的就业前景、工作环境及岗位工作任务,在入门学习阶段要设置 2 周的"看企业、讲专业"教学实习。为促进学生工作与学习的有机结合、培育职业素养,并为后续专业课程学习积累感性认识,在专项学习阶段设置 10～16 周的顶岗实习,学生一方面进入企业从事与本专业相关的普通技工工作,另一方面同步学习岗位生产工艺、企业质量管理等相关课程。综合学习阶段设置 12 周的毕业实习,根据实习岗位任务,结合毕业设计课题,综合运用所学知识、技能解决工作岗位的具体问题,以提高专业技术应用能力和职业素养,实现预就业。三次实习与专业课程一起构成了职业素养与职业能力培养的三个递进台阶。

4) 以具体工作任务为载体重组专业课程教学内容

教师将每一门专业课程的主要教学内容组织成 3 个以上的实训单元,每个实训单元都以具体工作任务为载体,融入专业理论和工作对象、工具、工作方法、工作要求等工作过程要素,按"由浅入深、由易到难、单一到综合"的认知规律进行重组。

三、按循序渐进、关联驱动、有所突破的原则构筑课程体系

从课程体系构建的可能性和必要性分析来看,必须区分主次先后,把长期目标分解为阶段目标,先做容易的和有条件的,有了积累以后,待条件和时机成熟时,开发更深层次的专业和课程,使课程体系建设更加适应企业现在和发展的需要。

针对课程在课程体系的作用,以"关联驱动"为目标,注重对前序课程的综合运用与能力提高,突出"实用性"。同时,注重后序课程对职业行动的能力提升,突出"突破性",保证高技能型人才培养目标的实现。

现在各专业学生普遍没有接受过上岗资格培训,对于本岗位的胜任素质要求还缺乏明确的目标认定,应该进行必要知识和理论的补充强化,以提高岗位胜任能力。但是,面对企业的快速发展和专业知识更新的加快,岗位对从业人员的适应能力要求很高。因此,课程体系的构建必须兼顾资格能力和适应能力两种要求,充分体现资格能力与适应能力对岗位任职能力目标的一致性,要保证岗位的基本需要,更要突出岗位的发展需要,所以要融入国家职业资格标准考试内容与从业培训内容有机地结合起来。每门课程、每个项目既要有国家职业资格标准考试的常规内容,又要有适应性的现实内容,并且要成为每次考核的重点。

因为先有职业后有资格,并且资格一旦制定出来就固化了,它是一种过去时的能力、格式化的能力、固化的能力。因此,仅仅以职业资格作为标准开发的课程,将总是滞后于职业的发展,职业的动态特性没有体现出来,要敢于突破。

四、建立课程载体与专业载体

职业教育要立足于行动体系,要更多地关注过程性的知识。开发工作过程系统化的课程,要解构与重构知识。解构与重构的关键在于如何在学科体系中去提取适度够用的知识,并与工作过程进行整合。即"适度够用的理论知识在数量上没有发生变化,但在排序的方式上发生了变化","适度够用的理论知识的质量发生变化,不是知识的空间物理位移而是在工作过程中的融合"。这就要求我们去寻求凸现职业教育特点的课程载体,以实现我们的培养目标。

借助课程载体,知识传授和实训必须"落地"。这个"落地"必须通过一个可以看得见、摸得着的载体来实现。知识的传授不能"空对空",实践的训练也不能"空对空"。

载体承载着课程教育目标、完整工作过程和学生素养等功能,下图所示是《数控机床装调》课程载体与能力的关系图。载体应该是开放的、可操作的,它应该是一个技术集成体,它承载着学生的专业能力、方法能力及社会能力的培养使命。

很显然,一门课程无力承载这些硬技能与软技能的培养。一个基础不扎实

社会能力：具有较强的口头与书面表达能力、人际沟通能力；具有团队协作精神；具有良好的心理素质和克服困难的能力；与客户建立良好、持久的关系；能不断积累维修经验，从个案中寻找共性；能够运用企业6S现场管理法

方法能力：装调的准备（资讯、计划、决策）阶段；装调的实施阶段；装配的检查与评价阶段

载体

专业能力：数控机床的机械装配与调试、数控机床的电气安装与连接、数控机床的机电联调与故障排除、数控机床的精度检测与补偿、试切件加工等

的学生，大有"不堪承受之重"的感觉。其结果是资讯不详、决策不断、计划不周、实施不了、结果不明、评估不行。因此，建立专业载体势在必行，并且可以大幅度地提高学习与工作效率。

职业和职业不同是因为工作过程不同，专业与专业不同是因为技术领域不同。在"载体一致"的原则下，各学习领域课程分担了同一载体的不能功能，承担着不同的工作过程，对学生的资讯、决策、计划、实施、检查、评估等各个环节可以在不同的工作过程中有效地进行"分散"与"聚合"，最后的综合实践课程在进行基于工作过程的开发时，可以有效地发挥前导课程的基础作用，取得"1+1＞2"的功效。

五、注重"软技能"（soft skill）的培养

商务印书馆出版的《现代汉语词典》、《古今汉语辞典》对技能的解释是：技能是"掌握和运用专门技术的能力"。所以，不能把对技能的理解局限于动作技能，这里还有心智技能的存在。

从学生能力培养上看，通过体系内的一系列课程而不是一门课程的训练，应使学生具有较强的口头与书面表达能力，人际沟通能力，具有团队协作精神，具有良好的心理素质和克服困难的能力，能与客户建立良好、持久的关系的能力，能不断积累维修经验、从个案中寻找共性的能力，能够运用企业6S现场管理法，从而使学生具有现代企业要求的软技能，具有在职业生涯中的能力迁移以及可持续发展能力。

因此，适应新趋势的发展，专业所面向的岗位（群）工作任务的能力要求，是学习领域中课程开发的出发点和基本要求，专业课程体系的开发要基于此，同时，要考虑社会发展、科技的进步以及学生可持续发展的要求，使学习领域所涵盖的知识、技能和素质要求具有前瞻性，最终达到高职教育培养的人才在层次上体现出"高"、在类型上体现"职"、在素质上体现出"优"的目标。

参 考 文 献

[1] 陈吉红,杨克冲. 数控机床实验指南[M]. 武汉:华中科技大学出版社, 2003.

[2] 杨克冲,陈吉红,郑小年. 数控机床电气控制[M]. 武汉:华中科技大学出版社,2005.

[3] 武汉华中数控股份有限公司. 数控电气控制基础实训,2007.

[4] 左文刚. 现代数控机床全过程维修[M]. 北京:人民邮电出版社,2008.

[5] 王刚. 数控机床调试、使用与维护[M]. 北京:化学工业出版社,2008.

[6] 全国机床标准化技术委员会. 中国机械工业标准汇编——数控机床卷(上、下)[M]. 北京:中国标准出版社,1998.

[7] 韩国世一重型机械有限公司. TH6340 交换台卧式加工中心维修手册.

[8] 韩国世一重型机械有限公司. TNL-500 数控车削加工中心维修手册.

[9] 韩国世一重型机械有限公司. VMC80 立式加工中心维修手册.

[10] 武汉数控机床厂. XH654 卧式床身仿形铣床维修手册.

[11] 武汉华中数控股份有限公司. 华中世纪星数控装置连接说明书,2008.

[12] 夏燕兰. 数控机床维修工(高级、技师)[M]. 北京:机械工业出版社,2008.

[13] 武汉数控机床厂. TH6340 交换台卧式加工中心机械(电气)说明书. 2003.

[14] 叶伯生. 计算机数控系统原理、编程与操作[M]. 武汉:华中理工大学出版社,1999.

[15] 邓想珍,赖寿宏. 异步电动机变频调速系统及其应用[M]. 武汉:华中理工大学出版社,1992.

[16] 南京工艺装备厂. 丝杠副、导轨副、花键副、导套副.

[17] 常州宏达机床数控设备厂. 宏达系列电动刀架.

[18] 国家质量技术监督局. GB/T 17421.1—1998 机床检验通则[S]. 1998.

[19] 国家质量技术监督局. JB/T 8324.1—1996 简式数控卧式车床精度[S]. 1996.

[20] 国家质量技术监督局. JB/T 8329.1—1999 数控床身铣床精度[S]. 1999.

[21] 姜大源. 职业教育学研究新论[M]. 北京:教育科学出版社,2007.

[22] 陈泽宇,秦自强. 数控机床的装配与调试[M]. 北京:电子工业出版社,2009.